教育部高等学校软件工程专业教学指导委员会
软件工程专业推荐教材
高等学校软件工程专业系列教材

U0168129

物联网技术基础实验指导

郑江滨　王丽　黎昉　马春燕 ◎ 编著

清华大学出版社

北京

内 容 简 介

本书依托教育部高等学校软件工程专业教学指导委员会第一批软件工程专业系列教材的建设,并结合国内关于物联网软件设计与开发类课程的教学情况编写而成。

全书共4章,分别从案例驱动的物联网系统开发(第1、2章)、基于国产技术和产品的物联网实验(第3、4章)两个单元展开,是本书的配套主教材在物联网软件开发与实践方面的补充和拓展。其中,第一单元以项目案例为驱动,介绍嵌入式端、移动端完整的开发流程;第二单元以国产软硬件平台为主体,介绍与前述案例息息相关的5个物联网实验。本书特色:一是突出软件工程的特点,本书覆盖软件生命周期的核心阶段,涉及主流开发环境与工具,整合最新知识、技术和项目;二是将一整套物联网实体系统作为实践案例,介绍需求分析、软件设计、编码实现等,形成完整的物联网开发流程和软件系统。

本书可以作为软件工程、计算机、自动化等相关专业的本科生和研究生教材,也可供从事物联网软件行业的研究人员和工程人员阅读参考。

图书在版编目(CIP)数据

物联网技术基础实验指导/郑江滨等编著.—北京:清华大学出版社,2024.1
高等学校软件工程专业系列教材
ISBN 978-7-302-64332-6

Ⅰ.①物… Ⅱ.①郑… Ⅲ.①物联网－高等学校－教材 Ⅳ.①TP393.4 ②TP18

中国国家版本馆 CIP 数据核字(2023)第 144611 号

责任编辑:黄 芝 李 燕
封面设计:刘 键
责任校对:胡伟民
责任印制:杨 艳

出版发行:清华大学出版社
  网 址:https://www.tup.com.cn, https://www.wqxuetang.com
  地 址:北京清华大学学研大厦 A 座 邮 编:100084
  社 总 机:010-83470000 邮 购:010-62786544
  投稿与读者服务:010-62776969, c-service@tup.tsinghua.edu.cn
  质量反馈:010-62772015, zhiliang@tup.tsinghua.edu.cn
  课件下载:https://www.tup.com.cn,010-83470236
印 装 者:三河市铭诚印务有限公司
经 销:全国新华书店
开 本:185mm×260mm 印 张:10.25 字 数:260千字
版 次:2024 年 1 月第 1 版 印 次:2024 年 1 月第 1 次印刷
印 数:1~1500
定 价:39.80 元

产品编号:099246-01

前　言

新一代信息技术是推动国民经济智能化转型、高端化升级、绿色化发展的重要力量。党的二十大报告强调"必须坚持科技是第一生产力、人才是第一资源、创新是第一动力,深入实施科教兴国战略、人才强国战略、创新驱动发展战略,开辟发展新领域新赛道,不断塑造发展新动能新优势。"

物联网作为一项国家战略性新兴产业,是我国新型基础设施建设的重要组成部分,近年来获得了工业和信息化部等部门在政策、规划、生态、人才等方面给予的支持。当前,物联网技术在智慧家居、智能制造等场景获得了广泛应用,在连接数量、经济产值等关键数据上迎来高速增长。万物互联的时代已经到来。

设计和开发一套完整的物联网系统,不仅需要软件、通信等领域知识的"软"基础,也需要开发板、元器件等工具环境的"硬"支撑。本书作为配套主教材在开发实践上的补充和拓展,面向软件工程、计算机、自动化等相关专业的本科生、研究生和物联网开发爱好者,一方面在工程性上,以一个典型物联网系统开发项目为驱动,分析和展示需求分析、软件设计、编码实现等软件开发的主要工作,期望读者能够通过学习、实操两手抓的方式深化理解;另一方面在自主性上,以国产技术和产品为导向,不仅基于一款主流的物联网套件介绍与前述案例有关的实验,而且介绍物联网系统开发的技术趋势和开发案例。全套教材以"原理介绍—案例分析—项目实践"为线索组织内容,同时覆盖了理论学习和实践应用的需求。

本书共两个单元,分别介绍基于案例的物联网系统开发、基于国产技术和产品的物联网实验。其中,第一单元从嵌入式和移动端展开,在讲解相关知识的基础上,阐明系统设计和开发的主要流程,不仅是贯穿全书的引线,也是实践内容的主体部分;第二单元从实验和趋势展开,一方面通过案例相关的实验介绍国内的主流产品,另一方面结合页面开发示例介绍主流技术和发展趋势。

本书得到教育部软件工程教学指导委员会、西北工业大学教材建设项目、国家自然科学基金资助项目(61901388)的支持。感谢吴健、邢建民、王竹平、王丽芳等专家的指导和建议,感谢团队所有师生对本书编排和修订的贡献,感谢所有为本书顺利出版提供帮助的各界人士以及所有参阅材料的作者。

由于编者水平有限,书中难免存在错谬之处,敬请各位读者、同人批评指正。

编　者

2023 年 4 月

目　　录

第一单元　案例驱动的物联网系统开发

第二单元　基于国产技术和产品的物联网实验

第一单元
案例驱动的物联网系统开发

第 1 章 基于 CC3200 的物联网系统设计与物端开发

本章以智能鱼缸系统为案例,基于 CC3200 和 FreeRTOS 介绍物联网系统中物端的系统开发流程及其架构。需要注意的是,出于系统设计的完整性考虑,本章还将涉及一些移动端应用开发和物联网云平台的介绍。

1.1 系统概述

1.1.1 系统架构

智能化设备在人们日常生活中的应用已是随处可见,如智能家电、智能导航和智能健康检测等。借助 Wi-Fi 或者移动互联网,智能家居系统能够让家庭中的各种智能家具在同一个网内互联,实现各个设备间的通信,打破用户对各种家具进行操作的时间和空间限制,能够随时随地进行控制,给生活带来了极大的便利。

当前市面上的智能鱼缸大多采用蓝牙连接,用户能通过手机来控制鱼缸,能够进行温度调节和光照调节等操作。但受限于蓝牙的覆盖范围,用户只有在家中时才能用手机查看鱼缸的状态,而距离如此之近并没有创造打破时间、空间限制的便利,不能体现"智能"之智慧。因此,解决方案就是——将鱼缸接入物联网云计算平台,让数据通过云平台进行传输。这样,用户就可以不再受距离的影响,随时随地查看鱼缸的情况。

智能鱼缸总体分为三部分,分别为智能鱼缸硬件部分、物联网云计算平台以及移动终端应用程序,如图 1-1 所示。

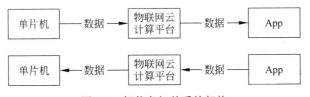

图 1-1　智能鱼缸的系统架构

不同部分各司其职,相互配合。智能鱼缸的硬件部分在图中对应"单片机",这一部分主要负责对鱼缸的状态监控,将光照、温度和水位值等状态信息上传并智能化处理。物联网云计算平台作为智能鱼缸管理平台,主要提供用户管理、消息推送、P2P 授权通信以及 P2P 通信支持等功能。移动终端应用程序对应图 1-1 中的 App,作为智能鱼缸的手机客户端,主要为用户提供设备绑定、设备信息和设备状态查询等功能。如图 1-1 所展示的,当用户查询鱼缸状态时,鱼缸状态信息,如水位值、温度值、光照值等数据会先通过光照传感器、温度传感器和水位传感器等传感器传输至物联网云计算平台,而后再由物联云计算平台将数据传输给 App,显示在设备详情的 App 页面上。当用户控制智能鱼缸时,数据会先从 App 传递至物联网云计算平台,再从云平台传递至相应的控制器。

1.1.2 软硬件开发环境

智能鱼缸的设计包括两部分,分别为硬件设计和云平台设计,开发环境如下。

(1) 软件环境:Windows 7、CentOS 7、FreeRTOS(Version 8.5.2)。

(2) 硬件环境:Intel Core(TM)、2 核 1.8GHz、8GB 内存、1TB 硬盘。

(3) 开发工具:VS 2020、Eclipse、MySQL、MongoDB、RabbitMQ、Maven。

CC3200 SDK 包含基于 CC3200 开发所需的用于 CC3200 可编程 MCU(微控制单元)的驱动程序、闪存编辑器、示例程序和说明文档等。闪存编辑器可用于配置网络和软件参数(SSID(服务集标识)、接入点通道、网络配置文件等)、系统文件和用户文件。示例程序中包含多种应用示例,例如,片上互联网应用示例:使用 Wi-Fi 解决方案发送电子邮件、从互联网上获取时间和天气信息等;Wi-Fi 应用示例:简易 Wi-Fi 配置、TCP(传输控制协议)/UDP(用户数据报协议)连接等;MCU 外设应用示例:并联摄像机、I^2S 音频、SDMMC(安全数字多媒体卡)、ADC(模数转换)等。

CC3200 SDK 安装好之后的文件夹包含如表 1-1 所示的内容。

表 1-1 CC3200 SDK 文件夹包含的内容

文 件 夹	包 含 内 容
docs	说明文档,主要是对 SDK 中的应用示例进行讲解
driverlib	包含 CC3200 所有的底层驱动,如 UART、I^2C 等底层配置代码
example	提供一些基本功能演示案例,可供初学者快速学习及掌握
inc	寄存器地址宏定义
netapps	实现常用的网络应用层协议,包括 HTTP、MQTT(消息队列遥测传输)等
oslib	操作系统 API(应用程序接口)
simplelink	SimpleLink 框架,提供从基本的设备管理到无线网络配置等功能
simplelink_extlib	实现在线升级和对 Flash 的读写
third_party	第三方开发工具
tools	工具集

SimpleLink 框架提供了一套广泛的功能,从基本的设备管理到无线网络配置、BSD 插座服务等。为了获得更好的设计粒度,这些功能被隔离到各个模块中,每个模块都代表了SimpleLink 的不同功能,SimpleLink 模块组成如图 1-2 所示,其各个模块的功能如表 1-2 所示。

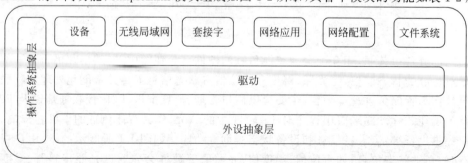

图 1-2 SimpleLink 模块组成

表 1-2　SimpleLink 各模块功能

模　　块	功　　能
Device	初始化主机,控制与网络处理器的通信
WLAN	连接到 AC,扫描接入点,添加/删除接入点配置文件,WLAN 安全
Socket	UDP/TCP 客户端 Socket,UDP/TCP 服务器 Socket,UDP/TCP Rx/Tx
Netapp	DNS 解析,Ping 远程设备,地址解析协议
Netcfg	IP/MAC 地址配置
FS	文件系统读写

1.1.3　需求分析

如上所述,智能鱼缸案例由物端、云端、移动端三部分组成。本节先介绍云端和移动端的主要功能。再在此基础上,分别从软件需求的四个层次,即业务需求、用户需求、功能需求以及非功能需求,对物端系统进行需求分析。

1. 云端

本系统云端的主要功能包括以下几个。

(1) 用户管理。

用户的注册、登录、个人信息修改以及密码恢复等。

(2) 设备管理。

用户可以通过物联网云平台绑定设备、添加设备,并能够对添加的设备进行逻辑组网从而对组中的信息进行管理和设置。同时还支持用户对供应商、用户、第三方开发者等进行相关的安全管理。

(3) 设备控制。

云平台还为用户提供获取设备信息、修改设备信息、设置设备控制状态、更改设备状态以及设置设备控制范围等功能支持。另外,云平台能提供设备数据的持久存储能力,用户可以查看历史数据并获取最新数据。

2. 移动端

本系统的移动端 App 是让用户通过移动端来控制鱼缸,主要功能包括以下几个。

(1) 用户的登录和注册。

(2) 获取设备列表,绑定想要控制的设备。

(3) 对设备进行相应的控制操作。

用户通过 App 使用智能鱼缸的流程如图 1-3 所示。

3. 物端

针对智能鱼缸系统的物端开发需求,本书将从以下 4 方面进行详细说明。在实际的实验过程中,实验人员将先定性地分析不同的需求,并根据提出的需求进行定量的测试。本节先简要描述智能鱼缸系统的各类需求的具体含义,而在 1.2.4 节中将以吞吐量和响应时间为例,展示智能鱼缸系统具体的性能需求并进行相关测试,以此来说明量化指标在需求开发和软件测试活动中的具体应用。

(1) 业务需求。

业务需求指的是开发者需要为用户解决的问题。当前市面上大部分智能鱼缸大多采用

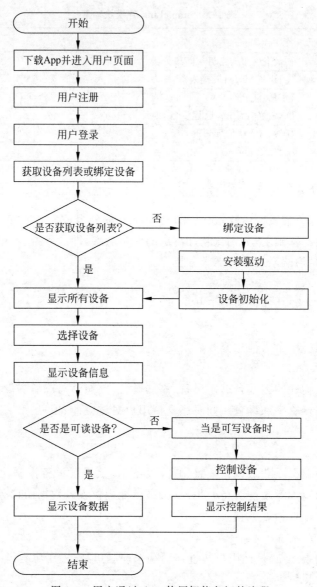

图 1-3　用户通过 App 使用智能鱼缸的流程

蓝牙技术进行鱼缸与用户终端的连接,存在的问题是其覆盖范围有限,一旦超出蓝牙的距离,用户便无法控制鱼缸,而借助移动互联网云平台可以解决这样的距离限制问题。具体业务需求如下。

①　创建设备列表,其中可以添加物联网设备并查看设备详情。

②　查看智能鱼缸设备的当前以及历史状态数据,将光照强度、水位、温度等数据以一定形式反馈给用户。

③　用户可以在移动端远程控制鱼缸,例如设置参数来改变设备温度等。

(2) 用户需求。

用户需求指的是用户想要系统实现的功能。以下从用户角度出发,充分考虑用户的使用习惯,设计用例并借助用例描述需求。用例图如图 1-4 所示。

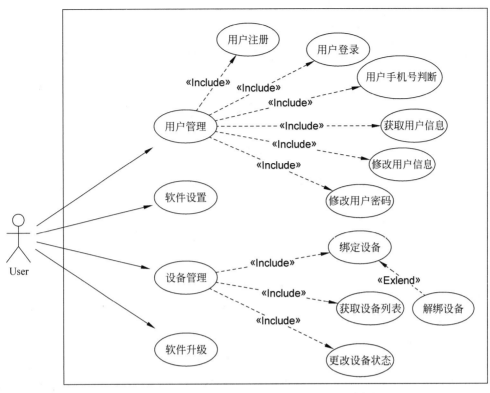

图 1-4　用户通过 App 使用智能鱼缸的流程用例图

从图 1-4 可以看出,系统的用户需求包括以下用例。

① 用户管理。包括用户注册登录、用户手机号判断、用户设置、获取用户信息以及修改用户密码等功能。

② 软件设置。主要指智能鱼缸应用程序中各种参数的设置,如界面的大小等。

③ 设备管理。主要包括绑定设备、解绑设备、获取设备列表等功能。

④ 软件升级。实现软件自动或手动更新升级功能。

(3) 功能需求。

功能需求指的是开发人员必须在产品中实现的功能,用户通过使用这些功能解决问题,从而满足业务需求。下面对智能鱼缸物端系统的功能需求进行分析。

智能鱼缸硬件部分的设计主要包括 CC3200、Wi-Fi 模块、用于显示当前状态的 LED 以及检测鱼缸状态的一系列传感器:水位传感器、温度传感器和光照传感器。各模块功能如下。

① 传感器模块。

3 个传感器负责从环境中获取相应的数据——水位传感器、温度传感器以及光照传感器分别监测鱼缸当前的水位值、温度值和光照值,并将数据发送至物联网云计算平台。

② Wi-Fi 模块。

数据传输过程中,Wi-Fi 模块提供数据传输的网络服务,通过 TCP/UDP 协议来收发相关数据。

③ CC3200 模块。

在系统整体运转过程中,CC3200 模块作为核心模块,主要负责数据运算、控制引脚以及不同模块间的通信,进而实现对水位、光照强度和温度的监控。智能鱼缸系统物端的硬件组成如图 1-5 所示。

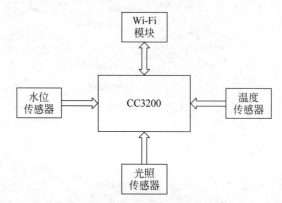

图 1-5　智能鱼缸系统物端的硬件组成

(4) 非功能需求。

为了全面分析系统的需求,对业务、用户以及功能需求进行分析之后,还需要补充对非功能需求的分析,非功能性需求指的是系统除功能需求以外,为满足业务需求而必须具有的特性,如安全性、可靠性等。本节主要从以下 5 方面进行系统非功能需求的分析:性能需求、安全需求、适用性需求、可靠性需求,以及 UI 界面友好性需求。

① 性能需求。

系统的性能指标一般包括吞吐量、响应时间和并发量等。

吞吐量:指的是物联网云平台的网络传输流量,由于本系统中有大量的数据需要实时传输,因此物联网云平台应该具有较大的传输流量。

响应时间:指的是用户在发出命令时,系统响应的延迟时间。当系统接收到用户发出的控制鱼缸状态的命令时,应该控制延迟,在短时间内作出响应。

并发量:指的是在不影响用户使用的前提下,云平台可同时接入的最大设备数量以及用户量。系统应该提高最大并发量,避免出现拥堵,并保证正常运行下的良好体验。

② 安全需求。

由于本智能鱼缸系统由单片机、物联网云计算平台和 App 三部分组成。因此安全性需求也需要从这三方面进行考虑。

单片机:即物端的安全性,在鱼缸内的单片机与物联网云计算平台进行数据传输时,系统通过设置安全措施来防范外部攻击,确保不会发生数据被篡改的情况,另外,也要保障物理方面的安全,避免出现因发生物理破坏而威胁人身安全的情况。

物联网云计算平台:为了确保用户的信息安全,平台应对用户进行分级,并根据等级设置不同的权限,对数据进行加密并设置部分公开。

App:为了保障移动端的安全登录,应对用户的合法性和准确性进行验证,如增加指纹、面部识别等功能,避免被不法分子利用用户账户进行违规操作。

③ 适用性需求。

为了提高系统的适用性,需要充分考虑单片机、物联网云计算平台和 App 各个部分的适配:系统物端的各部分模块应能够进行拆卸更改,便于适应不同的机械和硬件设置;App 要尽可能适应当前市面上流行的不同型号的手机以及常用的操作系统;物联网云计算平台则需要与物端和 App 适配。

④ 可靠性需求。

除了满足用户最基本的功能需求,系统也应具备较高的稳健性,避免发生时延高、页面加载慢或操作卡顿等情况从而影响用户的正常使用,最重要的是要避免出现系统部分或整体运行崩溃的情况,因此需要在设计时遵循"高内聚,低耦合"等原则,提高系统的可靠性。

⑤ UI 界面友好性需求。

为了方便用户操作,提高用户体验,UI 页面布局应简洁、大方,操作设置不应复杂,要迎合大部分用户的习惯。同时可以支持个性化定制,让用户能按照个人喜好自主更改页面设置。

1.2　系统的物端设计与实现

基于上文的需求分析对智能鱼缸系统进行设计,本节主要介绍智能鱼缸系统物端 3 大功能模块的设计:光照模块、温度模块以及水位模块,并进行相关功能模块测试。

1.2.1　光照模块

光照模块的主要功能是自动检测光照强度并实现灯光的自主开关。硬件结构采用了 CC3200 嵌入式开发板和光照传感器,光照模块的组织结构如图 1-6 所示。

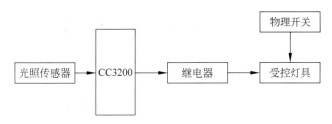

图 1-6　光照模块的组织结构

光照模块的工作流程如图 1-7 所示,主要分为以下几步。

(1) 初始化系统并进行相应的网络配置,将开发板接入网络。

(2) CC3200 获取光照传感器寄存器中的数据,并进行数据处理,而后通过 Wi-Fi 模块发送给服务器。

(3) 根据用户的实际光照需求动态调节光照强度,检测是否存在超出阈值的情况,控制光强于目标范围之内。其中光照的调整主要通过继电器设备动态地调整电流强度,从而让光照强度发生变化。

(4) 等待在经过一定时延后再读取下一个数据,重复步骤(2)、(3)。

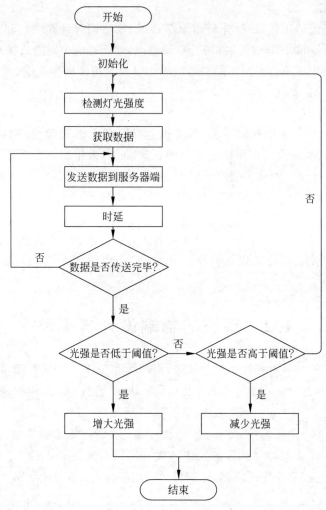

图 1-7　光照模块的工作流程

1.2.2　温度模块

温度模块的主要功能是对当前环境的温度数据进行采集并实时传输,硬件结构采用了 CC3200 嵌入式开发板和温度传感器等,温度模块的组织结构如图 1-8 所示。

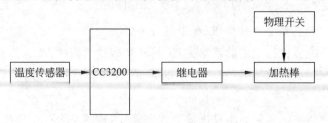

图 1-8　温度模块的组织结构

温度模块的工作流程如图 1-9 所示,主要步骤如下。

(1) 首先初始化系统并进行相应的网络配置,将开发板接入网络。

(2) CC3200 获取温度传感器寄存器中的数据,并进行数据处理,而后通过 Wi-Fi 模块发送给服务器。

（3）根据用户的需求调整鱼缸内的温度，当温度低于阈值时，鱼缸会通过继电器打开加热棒直至达到用户设定的温度区间。

（4）等待，经过一定时延后再读取下一个数据，重复步骤（2）、（3）。

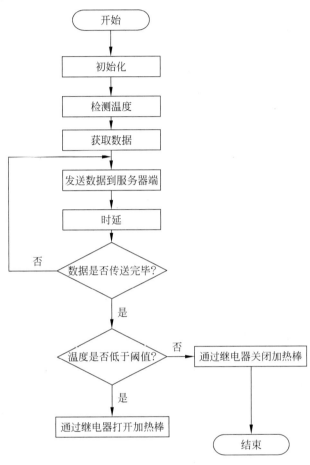

图 1-9　温度模块的工作流程

1.2.3　水位模块

水位模块的主要功能是对当前环境的水位定时监控，并进行数据传输，同时实现自动调整。水位模块的硬件结构采用了 CC3200 嵌入式开发板和水位传感器等，水位模块的组织结构如图 1-10 所示。

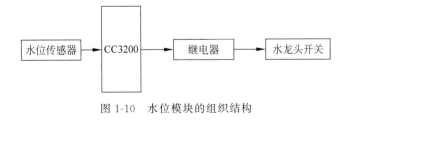

图 1-10　水位模块的组织结构

基于 CC3200 的物联网系统设计与物端开发

水位模块的工作流程如图 1-11 所示,主要步骤如下。

(1) 首先初始化系统并进行相应的网络配置,将开发板接入网络。

(2) CC3200 获取水位传感器寄存器中的数据,并进行数据处理,而后通过 Wi-Fi 模块发送给服务器。

(3) 根据用户的需求调整水位,当水位低于阈值时,鱼缸会通过继电器打开水龙头,向鱼缸加水到阈值,然后关闭水龙头。

(4) 等待,经过一定时延后再读取下一个数据,重复步骤(2)、(3)。

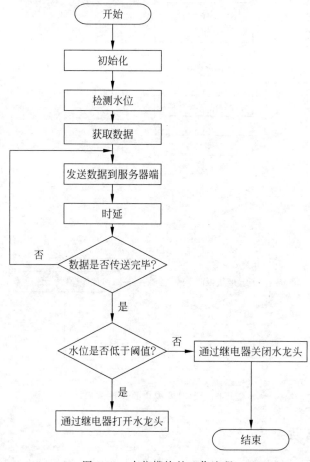

图 1-11 水位模块的工作流程

1.2.4 系统测试

1. 功能测试

为了验证功能模块设计的正确性,本节使用白盒测试的方法对物端功能进行测试,主要对光照模块、温度模块和水位模块进行测试。

1) 光照模块功能测试

表 1-3 是针对光照模块的光照控制功能进行测试的数据,测试时将鱼缸放置于暗房中,将光强计置于鱼缸底部,用于实时显示实际光强值,通过观察其是否达到目标光强值来验证

模块功能。从表中的测试数据可以看出,所有的预期输出和实际输出结果是一致的,测试结果全部正确。

表 1-3　光照模块功能测试用例

测试序号	A		
测试目的	测试光照模块能否正确控制光照强度		
测试功能	调节鱼缸内的光强		
测试条件	在主功能页面开启自动光照控制模式,并设置不同的光照强度目标值(光强单位:Lux)		
子测试序号	测试条件	理论结果	实际结果	正确或错误
A-1	设置目标光强为 50	光强升至 50	光强为 50	正确
A-2	设置目标光强为 100	光强升至 100	光强为 100	正确
A-3	设置目标光强为 150	光强升至 150	光强为 150	正确
A-4	设置目标光强为 200	光强升至 200	光强为 200	正确
A-5	设置目标光强为 300	光强升至 300	光强为 300	正确
A-6	设置目标光强为 200	光强降至 200	光强为 200	正确
A-7	设置目标光强为 150	光强降至 150	光强为 150	正确
A-8	单击采集图像为 100	光强降至 100	光强为 100	正确
A-9	单击采集图像为 50	光强降至 50	光强为 50	正确

2)温度模块功能测试

表 1-4 是针对温度模块的温度控制功能进行测试的数据,测试时将鱼缸置于空调房中(室温约为 16℃),将温度计置于鱼缸中,玻璃泡悬空于水中,用于显示实际温度值,通过观察其是否达到目标温度值来验证模块功能。从表 1-4 中的测试数据可以看出所有的预期输出和实际输出结果是一致的,测试结果全部正确。

表 1-4　温度模块功能测试用例

测试序号	B		
测试目的	测试温度模块能否正确控制鱼缸水温		
测试功能	对鱼缸内水温的升降进行控制		
测试条件	在主功能页面开启自动温度控制模式,并设置不同的温度目标值(温度单位:℃)		
子测试序号	测试条件	理论结果	实际结果	正确或错误
B-1	设置目标温度为 18	水温至 18	水温为 18	正确
B-2	设置目标温度为 20	水温至 20	水温为 20	正确
B-3	设置目标温度为 23	水温至 23	水温为 23	正确
B-4	设置目标温度为 25	水温至 25	水温为 25	正确
B-5	设置目标温度为 30	水温至 30	水温为 30	正确
B-6	设置目标温度为 25	水温至 25	水温为 25	正确
B-7	设置目标温度为 23	水温至 23	水温为 23	正确
B-8	设置目标温度为 20	水温至 20	水温为 20	正确
B-9	设置目标温度为 18	水温至 18	水温为 18	正确

3)水位模块功能测试

表 1-5 是针对水位模块的温度控制功能进行测试的数据,测试时选用高为 850mm、起

初水位为 100mm 的鱼缸。用刻度尺测量实际水位,通过观察其是否达到目标水位值来验证模块功能。从表 1-5 中的测试数据可以看出,所有的预期输出和实际输出结果是一致的,测试结果全部正确。

表 1-5　水位模块功能测试用例

测试序号	C		
测试目的	测试水位模块能否正确控制鱼缸水位		
测试功能	对鱼缸内水位的控制		
测试条件	在主功能页面开启自动水位控制模式,并设置不同的水位目标值(水位单位:mm)		
子测试序号	测试条件	理论结果	实际结果	正确或错误
C-1	设置目标水位为 200	水位至 200	水位至 200	正确
C-2	设置目标水位为 300	水位至 300	水位至 300	正确
C-3	设置目标水位为 400	水位至 400	水位至 400	正确
C-4	设置目标水位为 500	水位至 500	水位至 500	正确
C-5	设置目标水位为 600	水位至 600	水位至 600	正确
C-6	排水为 200,设置目标水位为 500	水位至 500	水位至 500	正确
C-7	排水为 200,设置目标水位为 400	水位至 400	水位至 400	正确
C-8	排水为 200,设置目标水位为 300	水位至 300	水位至 300	正确
C-9	排水为 200,设置目标水位为 200	水位至 200	水位至 200	正确

2. 性能测试

除了对 3 大模块的功能测试外,针对智能鱼缸系统的物联网云计算平台进行了性能测试,从压力测试、稳定性测试和安全性测试 3 个方面展开,最后根据测试结果进行总结评价。

测试目标:在智能鱼缸系统的物联网云计算平台的登录模块中模拟实现 2000 个用户并发访问本系统。

1)测试方案

本次实验从 8000 个用户测试数据中抽取 25％左右的用户,即约 2000 个数据进行测试。采用自动化测试工具,配置相关参数以及创建测试脚本,当准备工作完成后就选取 2000 个用户同时对该系统进行访问。打开服务器对该系统进行性能监视,时间间隔为 1 小时,连续观察 96 小时,系统分析各性能指标。

单独场景压力测试:指在特定场景下对具体的一些功能进行压力测试,当外部要求满足用户的基本需求时,分析测试的结果能否达到最低标准。

混合场景压力测试:指在不同的场景下对具体的功能进行压力测试,当各种临界指标不断提升时,分析测试的结果能否达到最低标准。

稳定性测试,指系统在极端条件或者苛刻情况下时,测试系统资源是否能够保证该系统的正常运行,根据监控的结果情况分析系统的稳定性。

2)测试用例

在同一个时间段,随机抽取 2000 个用户对该系统进行访问。

用例名称:随机抽取 2000 个用户同时访问系统。

3)测试场景

(1)随机抽取 2000 个用户进行测试。

（2）加压方案：先后 3 轮，分别以 1 秒、1 分钟、10 分钟为周期按照斐波那契数列不断递增的方式增加用户，直到用户数量达到 2000 个时停止增长，3 轮循环后分析最终的结果。

（3）减压方案：每一轮采用 3 个不同周期和比例的等比数列不断递减用户，直到全部停止——第一次每 1 秒按照公比为 1/2 的方式递减；第二次每 1 分钟按照公比为 1/3 的方式递减；第三次每 10 分钟按照公比为 1/5 的方式递减。

4）测试步骤

（1）配置测试环境。

（2）用性能测试工具录制测试脚本。

（3）选取特定场景进行实验，执行时间：5 小时。

5）预期结果

（1）系统的响应时间在 5s 以内。

（2）系统的吞吐量不小于 100GB/s。

（3）系统的 CPU 平均使用率不高于 70%。

6）测试结果

在该性能测试实验中，在同一时间段随机抽取 2000 个用户对同一网页进行访问，分 3 轮进行加压与减压测试，性能测试的时间跨度为 5 小时。本次测试中，用户共提交了 600 多万次请求，只有不到 1% 的请求无响应，其余请求全部正常响应。

从响应的时间进行分析，响应时间曲线平滑，从整体情况来看比较平稳。事务平均响应时间为 1.1s，在 5s 的接受范围内。

从单击率分析，测试中单击率在 130~170 次/秒区间内，整体比较稳定，波动幅度不大，平均单击率达 165 次/秒，单击数也属于常规数值。

从吞吐量分析，波动幅度在 200~230GB/s 范围内，但不同时间段内的吞吐量峰值不断变化，因此在不同的阶段吞吐量呈波浪式变化，需要重点关注这些振幅大的区间段。

从性能测试数据分析，系统的服务器 CPU 的使用率保持在 43% 左右，较为稳定。内存使用率整体波动较大，在 80~332GB 区间内基本满足预期。

3. 系统测试小结

通过对智能鱼缸系统三大功能模块的功能测试以及物联网云计算平台的性能测试分析可知，智能鱼缸系统的设计基本满足业务需求，并能达到预期目标。

1.3 系统联网任务的实现

智能鱼缸系统的网络任务主要包括一系列处理设备网络模块的操作，如初始化网络、获取 IP 地址、建立站点（Station，STA）设备的连接、开启并监听内部 HTTP 服务器端等。

1.3.1 网络模块的开启和配置

首先将网络设备配置为默认状态，在默认状态下的 STA 模式会从网络接入点（accesspoint，AP）获得 IP，然后用获得的 IP 切换到 AP 模式，这样其他智能设备就能够借助 HTTP 服务通过 IP 访问到设备内的文件数据。最后，将设备连接到接入点后的展示信息、对用户动作进行反馈的控制脚本以及其他需要的可执行二进制文件烧录在 CC3200 的外部 SFLASH 中即可。烧录的主要信息如表 1-6 所示。

表 1-6　烧录的主要信息

名　称	功　能
main. html	登录到接入点后展示的主页
test. jpg	背景图片
jquery-1.8.3. min. js	用于处理用户操作的 JS 脚本

1.3.2　HTTP Server 服务

CC3200 可以与网页文件系统进行数据传输，因为其中内置了支持 HTTP 协议的服务器。但由于网页文件是保存在串行闪存中的，并且在访问网页文件时需要提供整个路径，但在根目录中服务器只支持 www/safe 与 www/这两种路径。因此，服务器端为解析和返回数据分别设计了不同的函数，并分别存放在不同的文件中。其中，Http Core. c 文件中存放的函数主要负责对客户端的请求进行解析和处理，Http Dynamic. c 文件中存放的函数主要负责将系统采集的数据组合成 Response 并将其返回给客户端，而 Http String. c 文件中存放的函数主要负责操作所有的字符串和数字。下面定义了一个结构体，其中的变量值用于标识 HTTP 服务器端建立连接的状态。

```
1.  struct Http Global State          //全局状态
2.  {
3.          int listenSocket;          //监听套接字
4.          UINT16 uOpenConnections;  //实际连接个数
5.          //最大连接数
6.          Struct HttpConnection Data connections [HTTP_CORE_MAX_ CONNECTIONS];
7.          //HTTP 发送数据包个数
8.          UINT8 packetSend[HTTP_CORE_MAX_PACKET_SIZE_SEND];
9.          //HTTP 发送数据包大小
10.         UINT16 packetSendSize;
11.         //HTTP 接收数据包个数
12.         UINT8 packetReceive[HTTP_CORE_MAX_PACKET_SIZE_RECEIVED];
13.         //HTTP 接收数据包大小
14.         int packetReceiveSize;
15. };
```

HTTP 的可靠数据连接是使用 TCP 协议来实现的。首先，HTTP 服务器端需要建立 TCP 套接字(socket)，然后等待客户端发送连接请求。接下来将路由配置为 AP 模式，获取 IP 地址，并将 socket 描述符、获取到的 IP 地址以及 80 端口进行绑定。之后服务器端和客户端便可以通过套接字描述、IP 地址、端口地址进行通信。受限于本系统中嵌入式软硬件资源的不足，将宏定义 HTTP_CORE_MAX_CONNECTIONS 设置为 10。服务器端将以轮询的方式遍历检查每个客户端是否存在数据请求。如果有客户端存在数据请求，还要对其数据请求的类型进行检查。服务器端将首先对客户端发来的数据请求中的统一资源名(uniform resource name，URN)进行检查，并先后在监督闪存(supervisory flash，SFLASH)以及 CC3200 的 ROM 中查询这个资源。若服务器端在 SFLASH 中找到了该资源，服务器端会将该资源封装到 Response 中，并将 Response 返回给客户端。若该资源不在 SFLASH

中，则服务器端会在 CC3200 的 ROM 中继续寻找，找到则返回该资源，未找到则返回 404 错误码。

1.3.3 嵌入式 HTTP 服务器

为方便用户进行嵌入式网络应用开发，CC3200 的 SimpleLink 驱动库中已经集成了 HTTP 服务器，并提供了相关的软件接口。并且 SimpleLink 中有相应的事件捕捉位，可以通过触发这个事件来执行所需要的指令。因此，在进行 HTML 网页交互时，客户端可以通过触发服务事件来调用相关的函数，从而使 HTTP 服务器向网页发送请求。下面展示了 HTTP 服务器的调用函数示例。

```
1. void SimpleLinkHTTPServerCallback (SlHTTPServerEvent_t * pSlHTTPServerEvent,SlHTTPServerResponse_
   t * pSlHTTPServerResponse) {
2.      if ((pSlHTTPServerEvent =  = NULL) pSlHTTPServerResponse = = NULL)) {//参数检验
3.          printf ("Null Pointer\n\r"):
4.          while(1) :
5.              switch (pSlHTTPServerEvent − > Event) {//判断 HTTP 请求类型
6.                  case SL_NETAPP_HTTPPOSTTOKENVALUE_EVENT {//POST 清求
7.                  //表示图像采集的 POST Token
8.                  if (0 == memcmp (pSlHTTPServerEvent − >
9.                  EventDataHTTPPostData. token_ name. data" SL _P _U.C",
10. pSlHTTPServerEvent − EventData. HTTPPostData.token, name. 1en)){
11.                      if (0 == memcmp (pSlHTTPServerEvent − >
12.                      EventData. HTTPPostData. token_value. data,"start",
13.                      pSlHTTPServerEvent − > EventData, HTTPPostData. token_value. len)){
14.                          //POST Token 值为"start"，则置位图像采集事件代码为
15.                          _lwevent −− set(&lwevent_ group1, Event_CaptureImage):
16.                      }
17.                  }
18.              }
19.                      break :
20.          default:
21.                      break
22.      }
23. }
```

1.4 本章小结

在介绍了 FreeRTOS 和 CC3200 的基础知识之后，本章以智能鱼缸系统为案例，介绍了物联网系统软件的设计方法和主要步骤。通过对智能鱼缸系统的案例分析，首先明确了系统需求，包括业务需求、用户需求、功能需求以及非功能需求四部分；接着对物端的三大模块，即光照模块、温度模块和水位模块进行了详细设计，同时介绍了该系统的软件测试；最后对物联网系统的网络任务进行了介绍。

第 2 章　基于 Android 的物联网系统移动端开发

本章立足于物联网的实战场景,介绍基于 C/S 网络架构的智能鱼缸系统,聚焦于移动端的应用开发。在该案例中,智能鱼缸系统的移动端应用采用 Android 平台开发,本章着重分析其应用场景和全生命周期的开发过程。

2.1　需求分析

随着物联网技术的成熟,智能家居(smart home)设备逐渐走入人们的生活。智能鱼缸作为智能家居设备中的一种,为用户提供了只需连入互联网即可随时随地查看、管理家中鱼缸的能力。

按照物联设备的类型进行分类,智能鱼缸属于复合的可读写型设备,智能鱼缸设备内部包括单片机、温度传感器、光照传感器、水位传感器,Wi-Fi 模块等。其中,单片机主要进行数据运算和引脚控制,实现鱼缸的水位控制、温度监控和光照强度监控功能;Wi-Fi 模块具有功耗低、集成度高、性能稳定等特点,其通过各引脚连接传感器设备实时收集数据,同时将数据通过互联网传输到云计算平台。

对于智能鱼缸系统,其用户角色包括了企业(company)、管理员(manager)、驱动开发者(driver developer)以及基础用户(user)。前三者主要通过浏览器访问云平台完成账号、设备、驱动数据的各种管理操作,此处不予赘述。而移动端应用的面向角色为基础用户。在接入云计算平台后,用户的智能鱼缸设备可由用户通过某种唯一性标识在 Android 移动端上进行绑定,用户可以通过移动端应用实时获取鱼缸状态。

2.1.1　功能需求分析

功能需求是对开发人员必须实现的软件功能的定义。通过这些软件功能,用户得以完成各项操作或任务,从而满足业务需求。由于习惯上经常用"应该"对功能需求进行描述,其有时也被称作行为需求。简单来说,功能需求描述了开发人员需要实现什么。

智能鱼缸移动端应用为用户提供以下功能。

(1)登录功能,用户登录后才能访问自己绑定的设备。

(2)注册功能,新用户可申请新账号以获取服务。

(3)用户能够查看已绑定设备列表。

（4）用户能够绑定设备，将新设备添加至设备列表。

（5）用户能够查看智能鱼缸的当前状态（包括水温、水位值、光照强度）以及相应的历史记录。

（6）用户能够操控智能鱼缸，如给鱼缸升温、加水以及照明。

（7）用户能够从设备列表解绑移除设备。

（8）鱼缸各指标（水温、水位值、光照强度）超过阈值时，系统发出警告通知用户。

（9）用户能够通过移动端应用查阅养鱼知识的相关资料。

2.1.2 非功能需求分析

非功能需求是系统除了业务需求、用户需求、功能需求外所需具有的特性，与系统特性相关，可以完善用户体验，为用户带来更好的系统使用感受。本节描述的系统非功能需求包括系统的性能需求、安全需求、可靠性需求、UI 界面友好性需求和可适应性需求。

1. 性能需求

系统性能指标一般包括响应时间、吞吐量、并发用户等。响应时间是指用户在发出命令时，鱼缸应尽快响应用户，缩短系统延迟时间；吞吐量是指物联网云计算平台应具有较大的网络传输流量；并发用户是指当云计算平台接入更多的设备、有多个用户同时与系统交互时，不影响用户的使用体验。

2. 安全需求

智能鱼缸系统由三部分组成，分别为单片机组合的鱼缸、物联网云计算平台和移动端应用，因此系统的安全性需求也从这三个方面出发来考虑。首先是鱼缸的安全性，鱼缸内的单片机向物联网云计算平台发送数据，同时接收物联网云计算平台发送的命令，系统应确保单片机不受攻击，数据不被篡改。其次是物联网云计算平台的安全性，不同角色的用户有着不同权限，不能使数据全部公开。最后是移动端应用，应用软件基于 Android 操作系统开发，对于用户合法性应谨慎验证。

3. 可靠性需求

智能鱼缸应满足用户最基本的需求，不能随意崩溃致使用户无法使用，同时也要避免页面响应慢、出现卡顿等情况的发生。

4. UI 界面友好性需求

UI 页面布局应符合大部分用户的操作习惯，使用户可以尽快熟练操作。

5. 可适应性需求

本终端应用软件基于 Android 操作系统开发，Android 手机的品牌众多，屏幕大小不尽相同，开发应用软件时应尽可能考虑手机适配问题。

2.2 用例建模

在用例建模中，功能性需求是通过参与者（系统的用户）与用例来描述的。实际上每个用例定义了一个或若干参与者与系统间的交互序列。

2.2.1 用例的参与者

用例的参与者代表应用领域内的一类角色,在系统的外部与系统进行交互。一般地,用例参与者为人类用户,但在特定的应用环境中,系统外部也会有其他类型的参与者作为对人类参与者的补充。

在智能鱼缸案例中,对于移动端系统,考虑其用例的外部参与者包括以下两类。

(1) 人类参与者:用户。

(2) 外部系统:智能鱼缸系统的物联网云计算平台。

2.2.2 用例图

用例图(use case diagram)展现了用户和与其相关的用例之间的关系,是用于表示用户与系统之间交互的最简形式。用例图使得系统中不同种类的用户和用例都变得清晰明了。对于图 2-1 中的用例,用户均为主要参与者,智能鱼缸系统的物联网云计算平台作为次要参与者为用例提供数据支持。

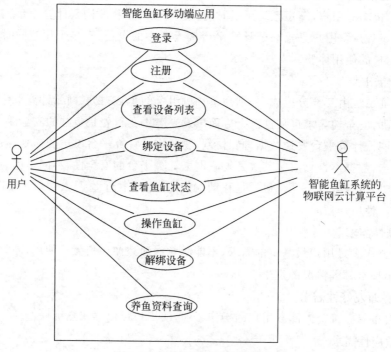

图 2-1　智能鱼缸移动端用例图

2.2.3 用例模型

对于每个用例,一般采用文档化的方式来进行描述,每个用例包含了下列关键内容:①用例名称;②参与者名称;③用例的概要描述;④对用例中事件的主交互序列的描述;⑤对主序列的替代情况的描述。结合智能鱼缸移动端应用的案例如下。

1. "登录"用例

用例名：登录
概述：用户登录账号
参与者：用户、智能鱼缸系统的物联网云计算平台
主序列描述：
（1）用户提交用户名密码
（2）智能鱼缸移动端应用向物联网云计算平台查询获得用户账户信息
可替换序列：
步骤1：若云平台没有响应或账户信息错误则登录失败
后置条件：用户已登录

2. "查看设备列表"用例

用例名：查看设备列表
概述：用户能够查看已绑定设备列表
参与者：用户、智能鱼缸系统的物联网云计算平台
前置条件：用户已登录
主序列描述：
（1）用户进入主页
（2）智能鱼缸移动端应用向云计算平台查询获得与用户相关联的设备信息
（3）智能鱼缸移动端应用显示绑定的设备列表
可替换序列：
步骤2：若物联网云计算平台没有响应则显示空的设备列表

3. "绑定设备"用例

用例名：绑定设备
概述：用户将新设备添加至设备列表
参与者：用户、智能鱼缸系统的物联网云计算平台
前置条件：用户已登录
主序列描述：
（1）用户提交设备地址与设备密码
（2）智能鱼缸移动端应用将绑定请求及相关数据发送给物联网云计算平台
（3）智能鱼缸移动端应用接收物联网云计算平台应答消息并提示设备添加成功
可替换序列：
步骤3：若收到失败消息则提示设备添加失败
后置条件：设备已绑定

2.2.4 用例关系

用例间的关系包括了包含关系与扩展关系。通过包含关系和扩展关系能够提高用例的可复用性和可扩展性。

1. 包含关系

包含关系常用于标识多个用例中共同的交互序列,反映了多个用例之间共同的功能抽取出的共同交互序列形成一个新用例,即包含用例,原来的用例称为基用例。

以层层细分的建模思路组织冗长交互序列的用例,基用例提供参与者与系统间的高层/抽象交互序列,包含用例提供参与者与系统间的低层/细化交互序列。

2. 扩展关系

有些用例的交互序列中有多个可替换的、备选或异常的分支,可以将这些分支序列分离成单独的用例,这些新用例扩展了原来的用例,称为扩展用例,而原来的用例称为基用例。可以根据条件,确定基用例以不同方式进行扩展,且扩展用例依赖于基用例并在基用例中引起它执行的条件为真时才执行。

在智能鱼缸移动端应用的案例中,对于操控智能鱼缸用例,如图 2-2 所示,具体操作中对鱼缸的操作有多种选择,如水位、温度和光照,即可替换序列。通过用例扩展关系,将操作智能鱼缸作为基用例,水位控制、温度控制、光照控制作为单独用例分离出来作为操作智能鱼缸用例的扩展用例。当用户选择对鱼缸的某项数值进行操作时执行对应的扩展用例。

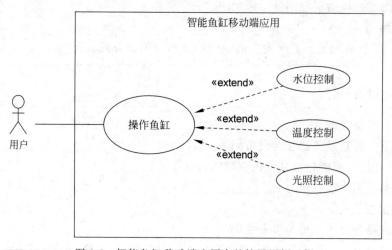

图 2-2 智能鱼缸移动端应用中的扩展用例示例

3. 扩展点

扩展点规定了基用例序列中被扩展的精确位置,在一次执行中在扩展点根据条件选择唯一的对应扩展用例。下面以智能鱼缸移动端应用为例。

基用例描述:

基用例"操作鱼缸"

用例名：操作鱼缸

概述：用户通过对各设备的操作实现鱼缸管理

参与者：用户、智能鱼缸系统的物联网云计算平台

前置条件：用户已登录，设备已绑定

主序列描述：

（1）用户选择鱼缸管理

（2）用户选择操作类型

（3）操作鱼缸（包括水位、温度、光照等）

（4）智能鱼缸移动端应用向云计算平台发送设备操作请求

（5）智能鱼缸移动端应用接收云计算平台应答消息并提示操作成功

扩展用例描述：

扩展用例"水位控制"

用例名：水位控制

概述：用户控制水泵加水

参与者：用户、智能鱼缸系统的物联网云计算平台

依赖：扩展操作鱼缸

前置条件：用户已登录，设备已绑定

插入片段描述：

（1）用户设置水位阈值

（2）用户设定自动、手动加水

其中基用例"操作鱼缸"中《操作》标识了扩展点、水位控制、温度控制或光照控制片段都在这里插入。

2.2.5 活动图

活动图是 UML 图的一种，用于描述控制流和活动中的序列。如图 2-3 所示，该活动图显示了绑定设备用例中的顺序活动、决策结点、循环及并发活动。通过活动结点、决策结点、连接顺序活动的弧和循环，活动图为用例提供了更精确的描述。

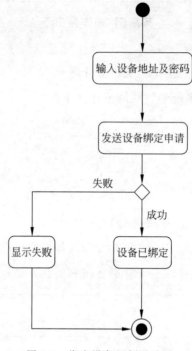

图 2-3　绑定设备用例活动图

2.3　问题域静态建模

　　静态模型描述了被建模系统的静态结构,不随时间变化而变化。问题域静态建模是指在分析阶段对系统的主要概念进行建模。

　　对物理类和实体类的建模是问题域静态建模的首要任务。物理类是指在物理意义上存在,具有物理特征的类。在智能鱼缸应用中的设备即属于物理类。实体类则是指概念上的数据密集型类,如账户信息等。

　　问题域静态模型涉及:

　　(1)类、类的属性。

　　(2)类之间的关系以及约束。

　　(3)识别软件外部类及上下文类图。

　　(4)对象和类的组织。

2.3.1　类与类属性

　　在面向对象系统中,最重要的构造块就是类。类是具有一组相同结构、行为、特性和关系的对象的集合。类、接口、协作以及它们之间的关系,这些都可以通过类图来展示,如图2-4所示。通过对问题域的逐步转化,对类进行建模,然后通过编程语言来构建这些类,最终实现系统的开发。

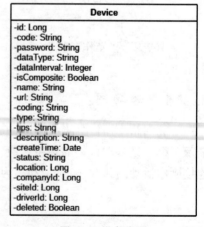

图 2-4　设备类图

以智能鱼缸中的设备实体为例,对于一个设备,需要记录其 MAC 地址便于用户识别设备,接着要有密码,使得只有提交密码的设备所有者才能在移动端绑定设备,还需要知道设备发送数据的数据类型与格式等。

2.3.2　类之间的关联

关联定义了两个类之间的一种静态的、结构化的关系。关联用动词或动词短语描述,关联的实例称为链接,当且仅当它们相应的类之间存在一个关联时两个对象之间可存在一个链接。

关联表示了对象间的结构关系。关联的多重性指的是一个类的实例能够与多少个另一个类的实例相关联。在很多建模问题中,一个重要的问题就是要说明一个关联的实例中有多少个互相连接的对象。互相连接的对象的数量可以用关联角色的多重度来表示。关联某一端的多重度,就是指关联另一端的类的每个对象必须有多少个本端的类的对象与之相连接。

以智能鱼缸设备为例,有的鱼缸设备可能"包含"了多个组件设备,如水位传感器、水泵、温度传感器、加热设备、光传感器、灯管等。这里的"包含"便是一条关联关系。其中一个鱼缸设备可能包含 0 个、1 个或是多个组件设备,而组件设备不能单独存在,必须归属于某一个设备。所以设备与组件设备间存在着一对多的关联关系。组件设备类如图 2-5 所示。

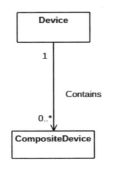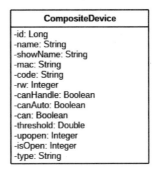

图 2-5　组件设备类

2.3.3　类间的泛化特化关系

有的类之间相似而不相同,它们之间有着共同的一些属性。在泛化/特化层次中,共同属性被抽象到一个泛化的类,称为超类,而具有不同属性的特化类被称为子类。子类继承超类的性质并以不同的方式进行扩展。

对于基于 Android 平台的移动端应用,类之间的泛化特化关系在各个组件的开发中非常常见。如 Activity 组件与 Adapter 组件,如图 2-6 所示。

2.3.4　系统上下文类图

对于一个软件系统,理解其系统的范围是很重要的,尤其要明确什么是包含在系统之内的,什么是排除在系统之外的。而上下文显式地表示了什么是系统之内的,什么是系统之外的。有些类位于系统外部,通过接口与系统交互,它们被称为外部类。有的类位于系统内部,与外部直接交互,这些类被称为边界类。边界类可通过接口直接与外部类通信。

上下文建模可以在整个系统的级别,或者软件级别上完成。系统上下文类图显式地展示了被看作黑盒的系统与外部环境之间的边界。这些系统边界的视图比通常由用例图给出

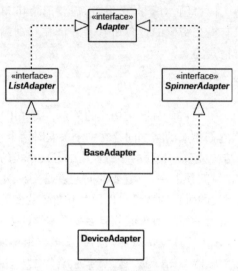

图 2-6　设备 Adapter

的边界更加清晰。

　　以智能鱼缸移动端应用为例,将移动端应用看作一个黑盒,用户在系统外部,借助 Android 平台提供的输入输出,通过 Activity 组件与系统交互。同时移动端应用借助 Volly 框架,通过 HTTP 协议与作为外部系统的云计算平台交换数据,如图 2-7 所示。

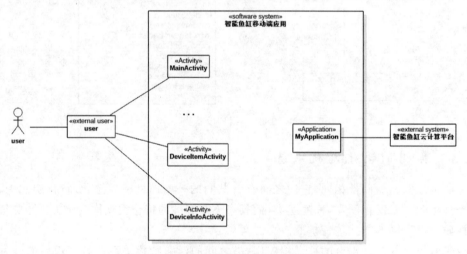

图 2-7　智能鱼缸移动端应用系统上下文图

2.4　动态交互建模

　　动态交互建模考虑了系统中的控制和顺序安排,它提供了系统的一种视图。该视图可以是针对某个对象(状态相关的控制对象),也可以是针对整个系统,描述系统中对象间的交互。当需要分析对象之间是如何交互并实现用例时,常常会使用动态交互建模来帮助分析。

　　对于每个用例而言,参与的对象之间总是动态地与其他对象交互合作,可以通过通信图或顺序图来描述该过程。

2.4.1 消息序列描述

在确定了参与各个用例的对象有哪些之后,还需要对各对象间的交互序列进行描述。

通过消息序列描述文档来给出对象间的交互序列,一般被作为系统动态模型的一部分,与交互图一同给出。消息序列描述对于每个消息到达通信图或顺序图上的目标对象时发生的事件进行了叙述性描述。消息序列描述使用通信图上的消息序列编号。它对源对象向目标对象发送消息序列,和目标对象收到消息时做出的反应进行了描述。消息序列描述通常提供了额外的信息,这些信息在对象交互图上没有被描绘出来。例如,每次访问一个实体对象时,消息序列描述可以提供额外的信息,如对象参考的属性有哪些。

在智能鱼缸系统移动端应用中,每个用例往往对应着一个 Activity 组件。以绑定设备用例为例,当用户填写完设备地址和密码后单击"绑定"按钮,Android 平台捕获用户单击事件并将其加入 AddDeviceActivity 对象的消息队列,然后由后者处理单击消息。AddDeviceActivity 对象会调用对应的响应方法构造一个设备绑定请求 Request,记录下相应请求信息以及一个 Handler 对象,并将 Request 添加到 MyApplication 对象的请求队列中。最终借助 Volly 框架,由 MyApplication 通过 HTTP 协议将请求最终发送到智能鱼缸系统的物联网云计算平台。物联网云计算平台对请求处理完成后向移动端应用进行应答,Request 接收响应后通过 Handler 向 AddDeviceActivity 对象的消息队列发送请求结果消息,并最终根据请求结果更新视图。"绑定设备"用例消息序列描述文档如下所示。

> A1:"用户"输入信息并单击"绑定"按钮
>
> A1.1:AddDeviceActivity 响应单击消息,并向 HTTPUtil 发起请求
>
> A1.2:HTTPUtil 将 Request 加入 MyApplication 的请求队列中
>
> A1.3:MyApplication 向智能鱼缸系统的物联网云计算平台发送 HTTP 请求
>
> A1.4:智能鱼缸系统的物联网云计算平台返回响应
>
> A1.5:MyApplication 执行回调方法 HTTPUtil 发送响应消息
>
> A1.6:HTTPUtil 执行回调方法向 MyApplication 的消息队列发送响应消息
>
> A1.7:MyApplication 对消息队列中的消息进行处理,更新 UI 向用户展示绑定结果

2.4.2 通信图

通信图从动态的视角,对一组对象通过对象间消息传递进行交互的过程进行了描述,它是 UML 交互图的一种。在分析建模的过程中,每一个用例对应一张通信图,只有参与了这个用例的对象才会被显示在通信图中。在通信图中,一般使用消息序列的编号来对对象之间的消息发送序列进行描述。通信图中的消息序列应该与用例中描述的参与者和系统之间的交互顺序相对应。

通信图能够清楚地展现对象的布局及其关联关系,易于平滑过渡到软件架构的设计,但在表示消息序列时直观性较差。"绑定设备"的用例图和通信图如图 2-8 和图 2-9 所示。

2.4.3 顺序图

对象之间的交互也可以用顺序图来表示,顺序图按时间顺序展示了对象之间的交互。

图 2-8 "绑定设备"用例图

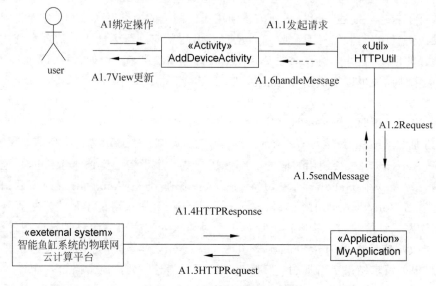

图 2-9 "绑定设备"通信图

一个顺序图展示了所有参与交互的对象以及它们之间消息来往的顺序。顺序图也可以用来描述循环和迭代。顺序图和通信图虽然描述的是类似的信息（尽管不完全一致），但使用的却是不同的方法。

通常我们要么使用通信图，要么使用顺序图来对系统进行动态描述，而不是两种同时使用。相较于通信图，顺序图能清楚地显示对象间的消息传递序列，对设计对象操作的执行逻辑有益，但不易表述对象的关联，且涉及多个对象的复杂顺序图及使用了循环和判定逻辑的顺序图，不易阅读。

2.5 软件体系结构

软件体系结构按照子系统及其接口的形式将系统的总体结构与单个子系统的内部细节相分离。软件体系结构由相对独立的子系统构成。软件体系结构主要是从结构方面考虑的，为了充分理解一个软件体系结构，要从多个不同的角度考虑，包括静态方面和动态方面等。

软件体系结构设计可以从不同视角（称为体系结构视图）进行描述。例如，软件体系结构的结构视图可以用类图来描述；软件体系结构的动态视图可以用通信图来描述；软件体系结构的部署视图可以用部署图来描述。

2.5.1 软件体系结构的结构视图

软件体系结构的结构视图是一种静态视图，不会随着时间的变化而发生改变。在视图的最高层,相应的子系统使用类图来描述。其中,子系统类图通过复合类或聚合类来描述子系统之间的静态结构关系以及它们之间的关联关系。

2.5.2 软件体系结构的动态视图

软件体系结构的动态视图是一种行为视图,可以用通信图来表示。子系统通信图描述了子系统(用聚合对象或者复合对象描述)以及子系统之间的消息通信过程。这些子系统可以被部署到不同的结点上,因此被描述成并发的构件,因为它们可以并行执行并在一个网络上相互通信。图 2-10 所示为智能鱼缸系统的高层通信图。

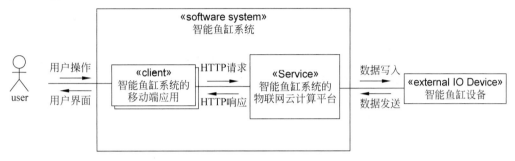

图 2-10 智能鱼缸系统的高层通信图

2.5.3 软件体系结构的部署视图

软件体系结构的部署视图描述了软件体系结构的物理配置,特别是体系结构中的子系统是如何在一个分布式的配置中分配到不同的结点上的。一个部署图可以描述具有固定数量的结点的特定部署。此外,部署图也可以描述部署的总体结构,例如指明一个子系统可以拥有多个实例且每个实例都可以部署到一个单独的结点上,但是并没有描述实例的确切数量。

正如前文所分析的,智能鱼缸系统由三部分组成:由单片机组合的鱼缸、物联网云计算平台和移动端应用。在具体部署时,每个设备实例都被部署在一个真实的物理结点上,通过互联网连接部署在云端的物联网云计算平台上,而移动端应用则被部署在用户的 Android 移动平台上,用户通过互联网间接访问物联网云计算平台,从而管理物理结点上的设备。智能鱼缸系统部署图如图 2-11 所示。

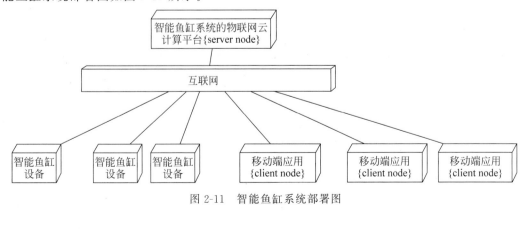

图 2-11 智能鱼缸系统部署图

基于 Android 的物联网系统移动端开发

2.6 数据格式

2.6.1 XML 数据格式

物联网及云计算的发展需要数据交换、数据存储、数据集成等领域技术的广泛应用,而在这些技术领域中第一次使用了 XML 数据格式。XML、DTD(文档类型定义)以及 XML Schema 语言在现如今的代码文档中被频繁使用,XML 为标记语言,可以用于标记文件中的结构性语言、数据等,用户可以自行定义,非常适用于网络传输,但 XML 无法描述自身结构、规范和约束。为了弥补这一缺陷,DTD 和 XML Schema 应运而生,具有更加完善的功能。DTD 的结构中包含元素、属性和实体,用户可以定义文件结构,为文件提供语法及规则。XML Schema 是基于 XML 的 DTD 替代者,可以用于描述文档中的元素,并且定义了有关 XML 文档中所包含信息的规则,包括 XML 的声明元素、XML 元素定义的内容以及 XML 元素之间的复杂关系。

XML Schema 解析主要包括 SAX(XML 简单应用程序接口)和 DOM(文档对象模型)两种模式。其中,DOM 解析方式为拉模型,将所要解析的文件加载至内存,解析器将文件转化为树,对树进行遍历。DOM 解析的优势在于支持修改、删除等多种操作,但因文件全部被加载,文件一旦过大,会造成时间、空间资源的浪费。SAX 解析方式为推模型,基于事件模型,不需要把整个 XML 文件读进内存,能够有效地降低应用程序所占的内存空间,这在内存有限的终端设备上非常重要。因此,在智能鱼缸系统中采用 SAX 模式解析和序列化 XML Schema 文件。

基于模板生成案例:以智能鱼缸设备信息为例,通过 SAX 解析,对应的 device.xml 文件如下。

```
1. << device >
2. < name >智能鱼缸</name >
3. < password > ****** </password >
4. < description >客厅的智能鱼缸</description >
5. < createTime > 2022 - 09 - 12 </createTime >
6. </device >
```

2.6.2 JSON 数据格式

JSON 是一种轻量级的数据交换格式,这种格式可以在任何类型的计算机上传输。它使用一种与编程语言完全无关的文本格式,用于存储与表达数据。简单明了的层次结构使 JSON 成为了一种较为理想的数据交换语言,便于人们阅读与写作的同时还便于计算机解析与生成,并且有效提高了网络中数据传输的效率。

智能鱼缸系统采用 JSON 格式在移动端应用与物联网云计算平台之间传输数据。当用户控制智能鱼缸时,例如发出设备手动控制与自动控制的转换命令时,JSON 数据从移动端应用传递至物联网云计算平台,物联网云计算平台传递数据给相应的传感器。而用户在查询鱼缸状态时,如温度值、光照值、水位值、温度传感器状态、光照传感器状态等,水位传感器将 JSON 数据传输给物联网云计算平台,再由物联网云计算平台将数据传输给移动端应用,移动端应用将JSON数据解析为相应对象并通过适配器显示在设备的详情页面上。JSON格式的智能鱼缸信息如下。

```
1. {
2.     "_id" : ObjectId("59e6046ee49c082b3c6af7ff"),        //唯一标识
3.     "_class" : "com.nwpu.smartlife.entity.Data",          //类
4.     "code" : "12-34-56-78-90-09",                          //编码值
5.     "type" : "text",                                       //格式类型
6.     "content" : [                                          //设备内容
7.         {
8.             "code" : "12-34-56-78-90-09-01",               //编码值
9.             "valueType" : "int",                           //值类型
10.            "value" : "0"                                   //值
11.        },
12.        {
13.            "code" : "12-34-56-78-90-09-02",
14.            "valueType" : "int",
15.            "value" : "765"
16.        },
17.        {
18.            "code" : "12-34-56-78-90-09-03",
19.            "valueType" : "int",
20.            "value" : "1"
21.        },
22.        {
23.            "code" : "12-34-56-78-90-09-04",
24.            "valueType" : "int",
25.            "value" : "1"
26.        }
27.    ],
28.    "postTime" : ISODate("2017-10-17T13:23:58.505Z")  //发送时间
29. }
```

2.6.3 物理结构

智能鱼缸系统使用了MongoDB和MySQL两种数据库,其中MongoDB为非关系数据库,相较于MySQL更为轻量级,用于存储设备间的通信数据,包括设备实时数据以及用户发送给设备的命令。MySQL为关系数据库,用于存储用户和设备的固定属性。设备实体的表结构如下。

```
1. DROP TABLE IF EXISTS `t_device`;
2. CREATE TABLE `t_device` (
3.   `id` BIGINT(20) NOT NULL AUTO_INCREMENT,
4.   `code` VARCHAR(40) DEFAULT NULL,
5.   `password` VARCHAR(40) DEFAULT NULL,
6.   `name` VARCHAR(20) DEFAULT NULL,
7.   `url` VARCHAR(100) DEFAULT NULL,
8.   `coding` VARCHAR(40) DEFAULT NULL,
9.   `type` VARCHAR(40) DEFAULT NULL,
10.  `description` VARCHAR(200) DEFAULT NULL,
11.  `create_time` DATETIME DEFAULT NULL,
```

基于Android的物联网系统移动端开发

```
12.     `status` VARCHAR(4) DEFAULT NULL,
13.     `location_id` BIGINT(20) DEFAULT NULL,
14.     `company_id` BIGINT(20) DEFAULT NULL,
15.     `site_id` BIGINT(20) DEFAULT NULL,
16.     `deleted` TINYINT(4) DEFAULT NULL,
17.     `data_type` VARCHAR(40) DEFAULT NULL,
18.     `data_interval` INT(11) DEFAULT NULL,
19.     `is_composite` BIT(1) DEFAULT NULL,
20.     `driver_id` BIGINT(20) DEFAULT NULL,
21.     PRIMARY KEY (`id`)
22. ) ENGINE = INNODB AUTO_INCREMENT = 1 DEFAULT CHARSET = utf8;
```

2.7 详细设计与编程实现

详细设计的主要工作就是对各模块的实现算法和局部数据结构进行设计。具体设计时根据不同情况,分别给出各模块的实现算法以及各个功能模块之间的细节说明。详细设计有两个目的:实现模块功能所需的算法应逻辑正确,算法描述应简洁明了。详细设计中使用到的一些技术要点,如数据库表结构等,也需要详细设计。针对系统功能的调节与后期维护,详细设计文档应为模块设计提供思考、决策,包括模块和整体设计之间的相互关系、对重要事件的处理过程、重要业务规则的设计等,同时需给出对模块设计的概述性资料,明确模块设计中的决策问题,与代码注释相配合,能够让读者更清晰地理解设计内涵。

2.7.1 AddDeviceActivity 组件

考虑绑定设备模块,我们在动态交互建模中给出了其对应的通信图,如图 2-9 所示。以 AddDeviceActivity 为例,作为 Activity 组件,AddDeviceActivity 对用户的单击绑定消息进行处理,因此需要通过覆写 onClick()方法来实现。当捕获到单击事件后,若受到单击的视图对象为"绑定"按钮,则 onClick()方法应收集用户填写的表单数据交给 HTTPUtil。

```
1.  @Override
2.  public void onClick(View view) { //单击事件
3.      switch (view.getId()) {
4.          case R.id.hand_add_btn:   //通过按钮 id 匹配
5.              HashMap < String, String > map = new HashMap<>();
                //利用 Map 存储数据
6.              String userName = prefercesService.getPreferences("username");
                //存储相关信息
7.              map.put("username", userName);
8.              map.put("code", codeEdit.getText().toString().trim());
9.              map.put("password", pswEdit.getText().toString().trim());
10.             HTTPUtil.httpRequest(URL.SCAN.getUrl(), scanHandler, map);
                //发送 HTTP 请求
11.             break;
12.         }
13.     }
```

HTTPUtil 收到表单数据后构造 Request 对象并交给 MyApplication,MyApplication

通过 Volley 框架实现与物联网云计算平台的通信。Volley 是 Google 公司官方推出的一套小巧的异步请求库,该框架扩展性很强,其设计的初衷就是为了支持频繁的、数据量小的网络请求,因此也很适合智能鱼缸移动端应用的场景。

```
1. @Override
2.    public void onCreate() { //创建 App
3.        super.onCreate();
4.        queue = Volley.newRequestQueue(getApplicationContext());
           //使用 Volley 框架
5.        x.Ext.init(this); //初始化
6.    }
```

回到图 2-9,我们看到移动端应用内部的 AddDeviceActivity、HTTPUtil 以及 MyApplication 间采用了带有回调方法的同步消息通信。当收到物联网云计算平台的响应后,会自动进入 Request 中的回调方法 onResponse(),解析响应内容并进一步回调传入的 scanHandler 提供的 sendMessage()方法,向 AddDeviceActivity 的消息队列中加入请求结果消息。

```
1. @Override
2.        public void onResponse(String str) { //响应事件
3.            Constant.hashMap.clear();   //清理暂存区
4.            JSONObject resJson = JSONObject.parseObject(str); //字符串转 JSON 对象
5.            int code = resJson.getInteger("code");
6.            LogUtil.printLog("request response with code " + code);
7.            Message message = handler.obtainMessage();
8.            message.what = code;
9.            Log.d("device", String.valueOf(code));
10.           message.obj = str;
11.           handler.sendMessage(message); //处理结果,展示在界面上
12.       }
```

最后,AddDeviceActivity 在接收到消息后,通过 scanHandler 提供的 handleMessage() 方法对消息队列中的请求结果消息进行处理,并最终更新视图将消息反馈给用户。

```
1. scanHandler = new Handler() {
2.            public void handleMessage(Message 处理结果,展示在界面上) {//对请求结果进行处理
3.                if (message.what == Feedback.SCAN_SUCCESS.getCode()) { //成功
4.                    saveMessage();
5.                    Toast.makeText(getApplicationContext(), "添加成功", Toast.LENGTH_
    SHORT).show();
6.
7.                } else if (message.what == Feedback.SCAN_WORONGPSW.getCode()) {//密码错误
8.                    Toast.makeText(getApplicationContext(), "设备密码有误", Toast.
    LENGTH_SHORT).show();
9.                } else if (message.what == Feedback.SCAN_WRONGCODE.getCode()) {//编码错误
10.                   Toast.makeText(getApplicationContext(), "设备编码有误", Toast.
    LENGTH_SHORT).show();
11.               } else if (message.what == Feedback.SCAN_DEVICE_EXIST.getCode())
                  {//设备已添加
12.                   Toast.makeText(getApplicationContext(), "设备已添加", Toast.
    LENGTH_SHORT).show();
```

基于 Android 的物联网系统移动端开发

```
13.                    } else if (message.what == Feedback.SCAN_NOUSER.getCode()) {//用户不存在
14.                        Toast.makeText(getApplicationContext(), "用户不存在", Toast.
    LENGTH_SHORT).show();
15.                    } else {
16.                        super.handleMessage(message);
17.                    }
18.                }
19. }
```

2.7.2　SmartFishActivity 组件

鱼缸信息项模块负责从物联网云计算平台获取当前鱼缸设备信息并显示给用户。同样，我们从 Activity 入手，当进入智能鱼缸页面时，对应组件 SmartFishActivity 应立即进行鱼缸信息查询，因此需要覆写 onCreate，在方法中加入查询步骤。通过设备的唯一标识码获取对应鱼缸信息。关键代码行如下所示。

```
1. @Override
2.         public void onCreate(Bundle savedInstanceState) { //覆写 onCreate
3.
4.                 ...
5.
6.             Intent intent = getIntent(); //查询目标
7.             String code = intent.getStringExtra("code"); //获取目标的编码
8.             Constant.hashMap.put("code", code); //存储目标编码
9.                 HTTPUtil.httpRequest(URL.UPDATE_DATA_SUCCESS.getUrl(),
    updateFishHandler, Constant.hashMap);
10.             }
```

编写布局文件 activity_smart_fish.xml，list_fish.xml 将鱼缸信息以图形界面的形式呈现给用户。

activity_smart_fish.xml 文件的代码如下（片段）：

```
1.     <!-线性布局 -->
2.
3.     <LinearLayout
4.         android:orientation = "vertical"        <!-垂直 -->
5.         android:layout_width = "match_parent"  <!-匹配父容器 -->
6.         android:layout_height = "wrap_content"<!-自适应当前内容 -->
7.         >
8.
9.         <include layout = "@layout/title_smartfish"/>
10.     <!-视图列表 -->
11.         <ListView android:id = "@+id/list_view_fish"
12.             android:layout_width = "match_parent" <!-匹配父容器 -->
13.             android:layout_height = "match_parent"<!-匹配父容器 -->
14.             android:layout_weight = "1" <!-权重 1 -->
15.             android:drawSelectorOnTop = "false"/> <!-文字可见 -->
16.
17.     </LinearLayout>
```

list_fish. xml 文件的代码如下：

```
1.  <?xml version = "1.0" encoding = "utf - 8"?>
2.  <LinearLayout xmlns:android = "http://schemas.android.com/apk/res/android"
3.      android:layout_width = "match_parent" <!—匹配父容器宽度 -->
4.      android:layout_height = "match_parent" <!—匹配父容器高度 -->
5.      android:orientation = "horizontal" <!—水平方向 -->
6.      android:paddingTop = "8dp"> <!—上内边距 8dp -->
7.
8.      <TextView
9.          android:id = "@ + id/name" <!—控件的唯一 id-->
10.         android:layout_marginTop = "1dp" <!—上外边距 1dp -->
11.         android:layout_width = "wrap_content" <!—自适应宽度 -->
12.         android:layout_height = "wrap_content" <!—自适应高度 -->
13.         android:textSize = "30sp" /> <!—文字大小 30sp -->
14.
15.     <TextView
16.         android:id = "@ + id/status" <!—控件的唯一 id-->
17.         android:layout_marginTop = "1dp" <!—上外边距 1dp -->
18.         android:layout_width = "fill_parent"<!—填充父容器宽度 -->
19.         android:layout_height = "wrap_content" <!—自适应高度 -->
20.         android:textSize = "30sp" <!—文字大小 30sp -->
21.         android:gravity = "right"/> <!—右靠齐 -->
22. </LinearLayout>
```

为了让查询数据适配布局文件还需要相应的适配器 SmartFishAdapter，只需关心覆写 getView 方法。

首先定义一个 viewHolder 类来保存 View 对象缓存并提高加载速度。

SmartFishAdapter 内定义的 viewHolder 类如下：

```
1.  static class ViewHolder {
2.
3.          TextView deviceName;        //设备名称
4.          TextView code;              //设备编码
5.          TextView value;             //设备值
6.
7.      }
```

覆写 getView 方法：

```
1.  @Override
2.      public View getView(int position, View view, ViewGroup viewGroup) { //获取视图
3.          ViewHolder viewHolder;
4.          if (view == null) {
5.              LayoutInflater inflater
6.  = (LayoutInflater) context.getSystemService(Context.LAYOUT_INFLATER_SERVICE);
    //获取布局服务
7.              view
8.  = LayoutInflater.from(context).inflate(R.layout.list_smart_fish, null);   //获取视图
9.              viewHolder = new ViewHolder();
10.             //将视图内容放入视图持有者中
11.             viewHolder.deviceName = (TextView) view.findViewById(R.id.device_name);
```

第 2 章

基于 Android 的物联网系统移动端开发

```
12.              viewHolder.code = (TextView) view.findViewById(R.id.code);
13.              viewHolder.value = (TextView)view.findViewById(R.id.value);
14.
15.              view.setTag(viewHolder);
16.          }else {
17.              viewHolder = (ViewHolder) view.getTag();
18.          }
19.      viewHolder.deviceName.setText(fishList.get(position).get("showName").toString
());      //设置设备名
20.      viewHolder.code.setText(fishList.get(position).get("code").toString());
     //设置设备编码
21.      viewHolder.value.setText(fishList.get(position).get("value").toString());
     //设置设备值
22.      return view;
23.      }
```

回到 SmartFishActivity 组件,同样通过覆写 handleMessage()方法,在收到查询响应后,解析响应,构造 SmartFishAdapter 并绑定到对应的 View 对象上。关键代码行如下所示。

```
1. fishList = new ArrayList<>();                            // 鱼缸列表
2.      JSONObject jObj0 = JSONObject.parseObject(s);       //字符串转换为 JSON 对象
3.      JSONObject jObj1 = jo.getJSONObject("data");        //"data"转换为 JSON 对象
4.      HashMap < String, Object > map0 = new HashMap<>();
5.      map0.put("name","设备名称");
6.      map0.put("status", jObj1.getString("name"));
7.      fishList.add(map0);
8.      HashMap < String, Object > map1 = new HashMap<>();
9.      map1.put("name","设备状态");
10.     map1.put("status", jObj1.getString("status"));
11.     fishList.add(map1);
12.     fishAdapter = new FishAdapter(fishList,this);
13.     fishListView.setAdapter(fishAdapter);
```

2.7.3 移动端应用运行演示

打开移动端应用即进入登录界面(见图 2-12)。若为新用户,则可在注册界面(见图 2-13)进行注册。

登录成功后进入主页(见图 2-14),当前用户所绑定的所有设备会以列表形式显示出来。

单击"添加设备"按钮进入设备绑定页面(见图 2-15),通过 mac 地址值绑定设备。添加成功后回到主页可以看到新设备"光照"已加入列表(见图 2-16)。

接下来,通过单击某个列表项查看对应设备信息。单击"智能鱼缸"选项即可查看鱼缸信息(见图 2-17)。

进一步,可以通过单击属性列表中的"水位"选项查看历史水位数据(见图 2-18),或是单击"XX 控制"按钮进入对应组件设备的控制界面,以单击"温度控制"按钮为例,如图 2-19所示。

最后,在智能鱼缸界面中,用户还可以通过单击"养鱼小知识"按钮学习相关资料(见图 2-20)。

图 2-12 登录界面

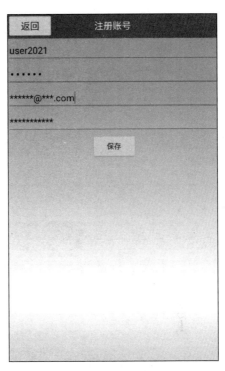

图 2-13 注册界面

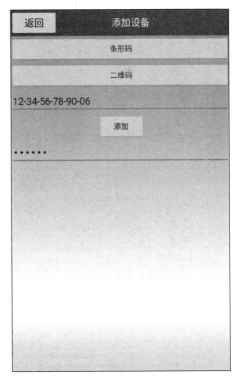

图 2-14 主页设备列表

图 2-15 设备绑定页面

基于 Android 的物联网系统移动端开发

图 2-16　加入"光照"

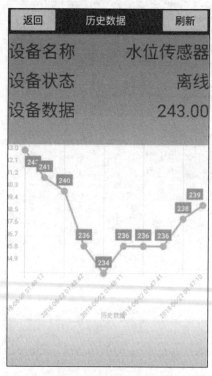

图 2-17　智能鱼缸信息　　　　　　　　图 2-18　鱼缸历史水位

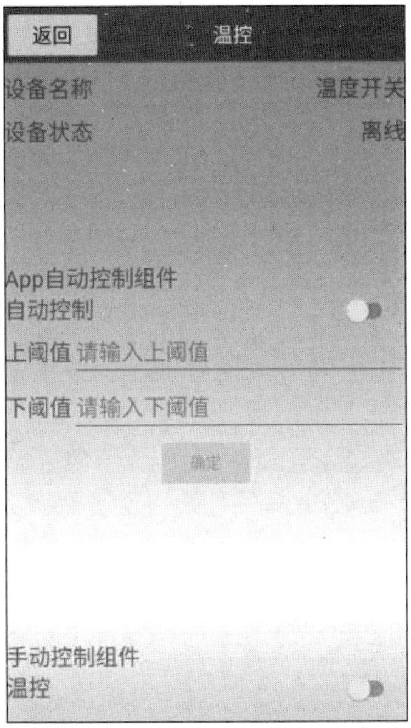

图 2-19 鱼缸温控界面 　　　　　图 2-20 养鱼小知识

2.8 本 章 小 结

智能鱼缸系统的移动端应用软件基于 Android 平台,涉及多个模块,包括数据通信、功能开发、UI 布局等,在设计过程中,不能只考虑单一模块,需要对各模块统筹考虑。软件开发应尽量满足"松耦合"的原则,对基于 Android 平台的移动端应用分为三层框架:表现层(UI 页面)、业务逻辑层和数据交互层。

1. 表现层(UI 页面)

表现层为应用软件的页面设计,是应用软件与用户交互中最首要也是最直接的部分。简洁明了的页面为用户带来良好的体验,也可以使用户更加熟悉软件的功能。

2. 业务逻辑层

业务逻辑层是应用软件中最重要的部分,根据对终端应用软件的分类,将智能鱼缸应用软件分为 4 部分。移动端应用中业务实体为 Java 类,描述每一个类所要实现的功能。

3. 数据交互层

在用户查看智能鱼缸状态时,单片机将数据发送给物联网云计算平台,该平台将数据传输给用户,显示在应用软件页面中。在用户对智能鱼缸进行操作时,用户在应用软件上点选操作,数据从移动端应用传输给物联网云计算平台,物联网云计算平台将数据传输给单片机,进行相应的升温或加氧等操作。智能鱼缸应用软件使用 HTTP 协议进行数据传输,同时使用 Volley 框架简化网络通信。

本章从软件生命周期的角度出发,进行了智能鱼缸移动端应用的需求分析、软件的分析、设计建模以及详细设计与编码等过程,直到最终智能鱼缸移动端应用开发的完成。

基于 Android 的物联网系统移动端开发

第二单元

基于国产技术和产品的物联网实验

第3章 物端开发实验

3.1 实验环境配置

3.1.1 硬件环境概述

物联网感知层的核心设备是开发板,这类设备通常由芯片、通信模组、操作系统等模块组成。本章立足于国产技术和产品,基于华为 LiteOS 介绍开发实验,因此芯片和通信模组的选择也应与 LiteOS 适配。

华为 LiteOS 支持多种芯片架构,包括 ARM 的 Cortex-M0、Cortex-M0＋、Cortex-M3、Cortex-M4、Cortex-M7、Cortex-A7、Cortex-A9、Cortex-A53 系列、ARM64 的 Cortex-A72 系列、RISC-V 的 RV32 系列、C-SKY 的 CK802 系列等。一般来讲,嵌入式设备不仅芯片差异大、外设种类多,而且资源有限,因此物联网操作系统(如 LiteOS)无法像计算机操作系统(如 Windows、Linux 等)那样,适配并集成所有驱动,通常的做法是对部分开发板完成适配,而对其他开发板进行操作系统的移植。

为了将目标聚焦于物联网系统的开发而无须考虑系统移植的问题,本章选择已适配且应用较为广泛的小熊派系列开发板作为实验硬件,该开发板具有简单易用、生态良好、模块集成度高等优点。需要说明的是,本章的实验参考了小熊派开发板的用户手册。以下对该开发板进行简单介绍。

小熊派高性能物联网开发板由南京小熊派智能科技有限公司与华为技术有限公司联合出品。该开发板基于 STM32L431RCT6 设计,从物联网的感知层角度来讲,具有设备多样性和可延展性,可以为开发者提供一个评估和设计物联网产品的平台。

1. 开发板的功能

将小熊派开发板进行功能区的划分,如图 3-1 所示。

其中:

(1) SD card。指示 SD 卡卡槽区域,可插 SD 卡。

(2) Flash。指示存储器区域,可存储程序等。

(3) ST-link。指示单片机的下载器区域。

(4) USB Power supply。指示 USB 接口区域,可在下载、调试代码时提供电源。

(5) Power LED。指示 LED 区域,可根据上电、下载、用户定义状态等亮灯。

(6) E53 interface。指示 E53 接口区域,可兼容具有 E53 接口的传感器扩展板。

(7) UART SW。指示串口开关区域,可用来调试通信模块。

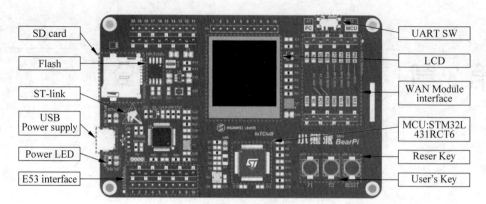

图 3-1　小熊派开发板的功能区划分[①]

（8）LCD。指示显示屏区域。

（9）WAN Module interface。指示通信扩展接口区域，可接入 NB-IoT、2G、Wi-Fi 等采用不同通信方式的通信扩展板。

（10）MCU：STM32L431RCT6。指示采用了 STM32L 系列单片机。

（11）Reset Key。指示系统的 Reset 按键，可实现系统的自动复位重启功能。

（12）User's Key。指示功能键区域，可通过 F1、F2 按键实现定义的功能。

2. 开发板的框架

小熊派开发板的系统框图如图 3-2 所示。

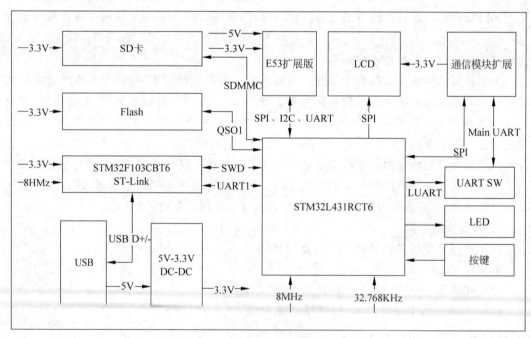

图 3-2　小熊派开发板的系统框图[②]

---

①　图片来源于网络。

②　图片来源于网络。

其中,各部件的连接关系为:

(1) 开发板经由 USB 5V 供电并通过内置 DC-DC(直流电源变换器)降压至 3.3V 进行系统内部供电。

(2) ST-Link 通过 SWD(串行线调试接口)接口与 MCU 互连。

(3) 8MB Flash 通过 QSPI(4 线串行外设接口)与 MCU 互连。

(4) SD 卡通过 3 线 SDMMC 与 MCU 互连。

(5) E53 扩展支持 SPI(串行外设接口)、I^2C、UART(通用异步收发器)协议。

(6) 1.44 英寸的 LCD(液晶显示器)通过 SPI 与 MCU 互连。

(7) 通信模块扩展接口支持 SPI、UART 协议。

(8) LED、按键部件直连 MCU 的 GPIO(通用输入/输出)。

3. 主要外设接口

基于后续实验的需要,下面介绍 MCU 主板的主要外设接口,包括 USB 接口、按键、E53 接口、通信扩展接口、SPI 接口和预留接口。

1) USB 接口

开发板含有一个 USB 接口,为 USB ST-Link 接口,作为软件下载、调试和系统供电的输入口。USB ST-Link 接口除了给系统提供电源之外,还是开发板的下载接口,与 STM32F103 的 USB 接口相连接,用 USB 数据线连接至 PC 之后会映射出一个 COM 口设备,用来进行开发板和 PC 端之间的交互,打印开发板的调试信息,下载 MCU 程序,调试通信模组。

2) 按键

开发板带有两个功能按键和一个系统 Reset 按键。功能按键可以提供给开发者进行功能定义开发,均使用 GPIO 口,方向为输入,低电平有效。Reset 按键是直接接入 STM32F103 和 MCU 的硬件复位 Pin,按下 Reset 按键,系统将自动重启复位。

3) E53 接口

开发板设计有 E53 接口的传感器扩展板接口,该接口可兼容所有 E53 接口的传感器扩展板,实现不同案例场景的快速搭建。该接口可接入 UART、SPI、I^2C、ADC(模拟数字转换器)等通信协议的传感器。

4) 通信扩展接口

开发板设计有通信扩展板的扩展接口,该接口可接入 NB-IoT、2G、Wi-Fi 等采用不同通信方式的通信扩展板,以满足不同场景下运行的需求。

5) SPI

SPI 是 LCD 显示屏的接口,开发板板载一个 FPC 材质的 LCD 屏幕,屏幕的分辨率为 240×240dpi。

6) 预留接口

预留接口有一组 UART 和一组 I^2C 接口以及两个通用 I/O 口,可供开发者自定义开发使用。

3.1.2 软件环境概述

软件的编辑需要文本编辑器,编译需要编译器,汇编需要汇编器,链接需要链接器,可执行文件需要软件工具来加载文件,同时软件还需要一些函数库、中间件等。为了使开发更便捷、简单,几乎所有的 MCU 芯片都会有对应的集成开发环境(IDE),该环境囊括了软件开发从编辑到可执行文件的所有工具,同时还包括常用的库、调试工具、在线调试工具链等。

STM32 开发主流的集成开发环境有两种:MDK(微控制器开发套件)和 IAR(Systems 公司的一款 IDE),此外,华为自研的 LiteOS Studio 也是一个不错的选择,下面简要介绍这三种集成开发环境。

1. MDK-ARM

MDK-ARM 软件是 Keil 公司推出的一款产品,为基于 Cortex-M、Cortex-R4、ARM7、ARM9 处理器的设备提供了一个完整的开发环境。MDK-ARM 专为微控制器应用而设计,不仅易学易用,而且功能强大,能够满足大多数苛刻的嵌入式应用需求。MDK-ARM 有四个可用版本,分别是 MDK-Lite、MDK-Basic、MDK-Standard、MDK-Professional。所有版本均提供一个完善的 C /C++开发环境,其中 MDK-Professional 还包含大量的中间库。

2. IAR for ARM

IAR for ARM 全名为 IAR Embedded Workbench for ARM,是一款由瑞典 IAR Systems 公司推出,专为微处理器开发的优秀集成开发环境,能够支持 ARM、AVR、MSP430 等多种芯片内核平台。

3. IoT Studio

华为 IoT Studio 是华为 LiteOS 提供的一款 Windows 下的图形化开发工具。它以 Visual Studio Code 的社区开源代码为基础,根据 C 语言编程特点和华为 LiteOS 嵌入式系统软件的业务场景开发。它提供了代码编辑、组件配置、编译、烧录、调试等功能,可以对系统关键数据进行实时跟踪、保存与回放。

小熊派开发板使用 ST-Link 作为烧录器,因此需要提前下载安装 ST-Link 驱动,根据 PC 的系统选择对应的安装程序,以 64 位安装程序为例,如图 3-3 所示。

名称	修改日期	类型	大小
amd64	2017/8/3 8:35	文件夹	
x86	2017/8/3 8:35	文件夹	
dpinst_amd64.exe	2015/5/20 23:42	应用程序	665 KB
dpinst_x86.exe	2015/5/20 23:42	应用程序	540 KB
stlink_dbg_winusb.inf	2015/5/20 23:42	安装信息	4 KB
stlink_VCP.inf	2015/5/20 23:42	安装信息	2 KB
stlink_winusb_install.bat	2016/9/14 19:19	Windows 批处理...	1 KB
stlinkdbgwinusb_x64.cat	2015/5/20 23:42	安全目录	11 KB
stlinkdbgwinusb_x86.cat	2015/5/20 23:42	安全目录	11 KB
stlinkvcp_x64.cat	2015/5/20 23:42	安全目录	9 KB
stlinkvcp_x86.cat	2015/5/20 23:42	安全目录	9 KB

图 3-3　开发板安装包

安装完驱动后,将开发板通过 Micro-USB 线与 PC 连接,打开 Windows 的设备管理器,如果在设备管理器中能找到 ST 端口,证明驱动安装成功,如图 3-4 所示。

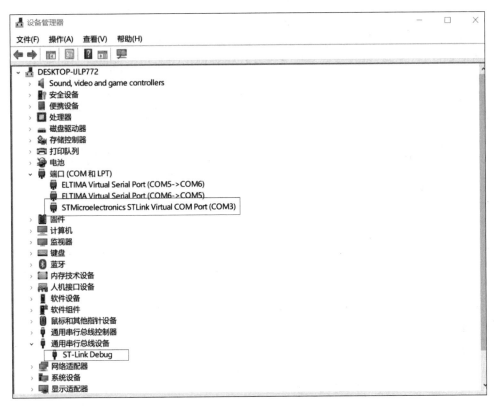

图 3-4 驱动安装成功示意图

3.1.3 IoT Studio 的使用

IoT Studio 是华为公司研发的,用于支持 LiteOS 嵌入式系统进行软件开发的工具,提供了代码编辑、编译、烧录及调试等一站式开发功能,支持 C、C++、汇编等多种开发语言,可让开发者快速、高效地进行物联网开发。具体安装步骤如下。

1. 华为 IoT Studio 下载安装

华为 IoT Studio 的下载地址为 https://developer.obs.cn-north-4.myhuaweicloud.com/idea/IoT-Studio.zip。完成安装后会提示是否安装 ST-Link 驱动及 JLINK 调试器,可以选择程序自动安装或后续手动安装。

2. 安装 ST-Link 驱动

小熊派开发板使用 ST-Link 来进行程序读写、烧录等操作,因此需要安装 ST-Link 驱动才能使计算机识别并使用小熊派开发板。

3. 安装 JLINK 调试器

华为 IoT Studio 需要使用 JLINK 调试工具进行链接及调试,需要保证计算机上已成功安装 JLINK 调试器。

4. 安装 OpenOCD 及 GNU Make

OpenOCD 是小熊派烧录程序,GNU Make 是程序编译程序,可以自行在官网找到对应自己机器平台及架构的版本,或使用安装工具自动安装,安装工具的默认安装位置为"~/openSourceTools"。

注：安装工具也会自动安装 ST-Link 驱动及 JLINK 调试器。

5. 链接小熊派开发板

使用 Micro-USB 数据线连接小熊派开发板的 Micro-USB 口及计算机的 USB 接口。若驱动正确安装，在计算机的"设备管理器"中可以成功识别开发板，如图 3-5 所示。

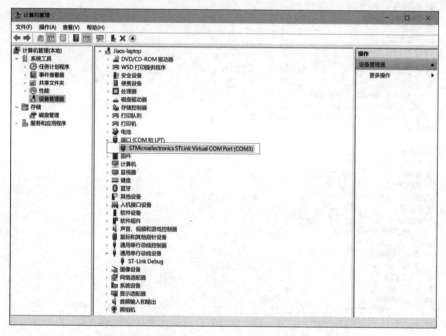

图 3-5　在"设备管理器"中成功识别小熊派开发板

调试程序时，请确保 AT 拨块拨至 AT-MCU 位置，如图 3-6 所示。

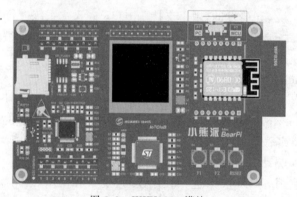

图 3-6　WIFI8266 模块

当使用串口终端调试外接模块（如图 3-6 的 WIFI8266 模块）时，可将拨块拨至 AT-PC 位置，因本实验不涉及，在实验中请始终保持拨块位于 AT-MCU。

3.2　实验一 Hello World 初体验

本章实验基于简单的 hello_world 案例，对华为 LiteOS 设备开发初步体验，在实验开始之前请确保实验环境搭建成功。

（1）实验目标：通过使用小熊派开发板,完成简单的 Hello World 信息打印功能。

（2）实验准备：硬件采用小熊派 BearPi IoT 开发板和 WIFI8266 通信模组,软件推荐采用 IoT Studio。

3.2.1 搭建环境

1. 连接硬件

如图 3-7 所示,连接好 WIFI8266 通信模组,注意通信模组标记朝外,不要遮盖住开发板的 LED 显示屏。如图 3-7 和图 3-8 所示,将开发板右上角的拨块拨至 AT-MCU 位置,使用可传输数据的 USB 线将开发板与主机相连。

图 3-7 小熊派 BearPi IoT 开发板(左)和 WIFI8266 通信模组(右)

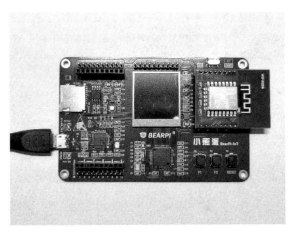

图 3-8 开发板与主机连接

2. 创建项目

基于小熊派开发板创建 LiteOS 的工程项目。如图 3-9 所示,选择"创建工程"命令进入"新建 IoT 工程"对话框,其中"工程名称"和"工程目录"可以自由选择,但注意不要有空格、中文等特殊符号,例如本实验使用的硬件平台是 STM32L431_BearPi,实验内容是 Hello World 项目,故工程名称为 STM32L431_BearPi_HelloNpuers,"SDK 版本"选择 IoT_LINK_1.0.0,"硬件平台"选择 STM32L431_BearPi,选择"基于示例工程构建"的 hello_world_demo。

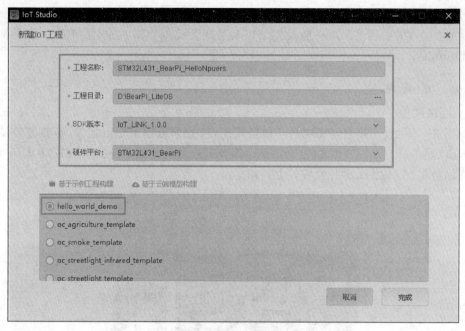

图 3-9　"新建 IoT 工程"对话框

　　注意,在创建项目后,需要对相关设置进行检查和确认,具体步骤为:进入创建好的 LiteOS 工程,选择"文件"→"首选项"命令,查看 Studio 设置是否正确。

3. 管理 SDK

　　"SDK 管理"页面如图 3-10 所示,SDK 的默认选择为创建项目时选择的 IoT_LINK_ 1.0.0,其中路径为程序自动从计算机上读取 SDK 的安装路径,不需要手动设置。

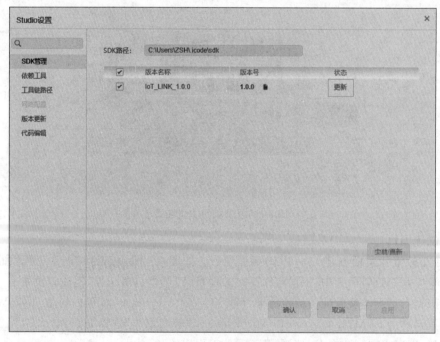

图 3-10　"SDK 管理"页面

在"SDK 管理"页面中查看 SDK 版本是否需要更新,"状态"栏中若出现"更新",则选中需更新的版本。单击右下角的"安装/更新"按钮,安装完后会显示"已安装"。更新后关闭当前工程,然后基于新的 SDK 创建新的工程。

4. 依赖工具

如图 3-11 所示,在"依赖工具"页面可以查看依赖项,单击"JLink 下载"或者"STLink/V2 驱动下载"可进行依赖下载,这里不需要重复安装。

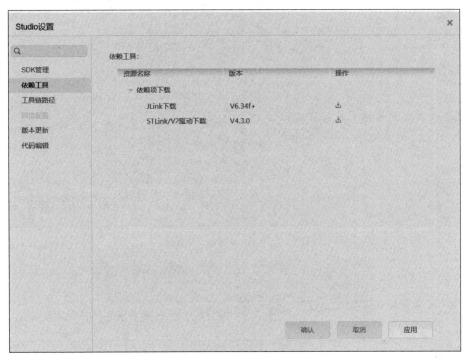

图 3-11 "依赖工具"页面

5. 工具链路径

"工具链路径"页面如图 3-12 所示,其中"JLink 目录"和"OpenOCD 路径"会默认选择计算机上安装的路径,不需要手动设置。

进入创建的项目工程,可以看到最上方的菜单栏(见图 3-13 的方框区域)从左到右依次为编译、重新编译、停止编译、烧录、重启开发板、启动调试、停止调试。

其中,编译指对当前打开的工程进行编译,并生成编译后的文件。重新编译指删除上一次编译生成的文件,再次执行编译。停止编译即停止正在进行的编译。烧录指将程序烧录至目标开发板。重启开发板即对开发板进行重启操作,注意在重新启动开发板之后,需要再次烧录代码。启动调试可启动或继续进行代码调试。停止调试后调试终止,调试信息会清空,但断点信息会保留。

3.2.2 工程配置

(1) 选择菜单栏中的"工程"→"工程配置"命令进入"工程配置"对话框,如图 3-14 所示。进入"串口配置"页面,选择"端口"为 COM3(也有可能为 COM4,与个人计算机有关)、"波特率"为 115200。

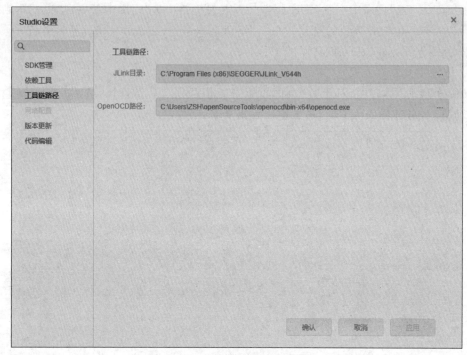

图 3-12 "工具链路径"页面

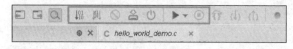

图 3-13 工具栏

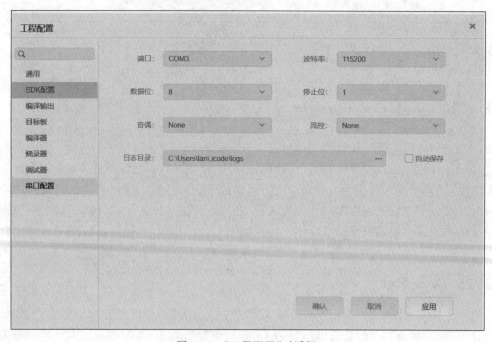

图 3-14 "工程配置"对话框

（2）选择"查看"→"串口终端"命令，即可打开"串口终端"对话框，如图 3-15 所示。

图 3-15 "串口终端"

（3）如图 3-16 所示，在"编译输出"页面中将"输出目录"设置为 targets/STM32L431_BearPi/GCC，若不设置默认也是输出到此目录，"调试文件"选择 appbuild/Huawei_LiteOS.elf，此文件也是默认调试文件，其他各项默认不变即可。

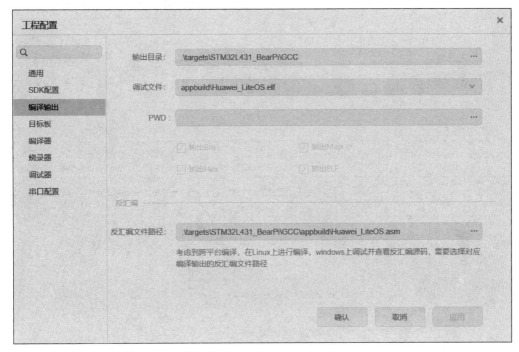

图 3-16 "编译输出"页面

（4）如图 3-17 所示，在"烧录器"页面将"烧录方式"设置为 OpenOCD，其他配置项会自动加载，无须更改。

（5）如图 3-18 所示，在"调试器"页面将"调试器"设置为 OpenOCD，"端口"选择 3333，其他参数默认不变即可。

3.2.3 编译与烧录

1. 编译程序

（1）由于本次实验主要是进行简单的 Hello World 信息打印，打开 targets/STM32L431_BearPi/Demos 目录可以看到许多小案例，在编译前先删除对本次实验无用的案例代码，仅保留 hello_world_demo 案例。

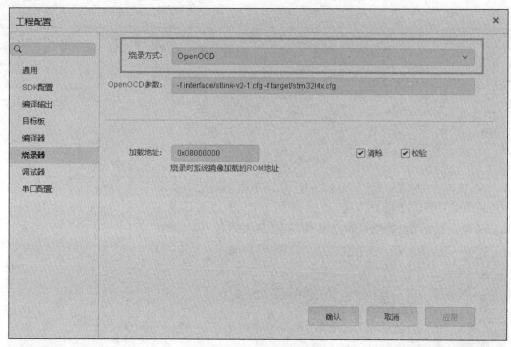

图 3-17 "烧录器"页面

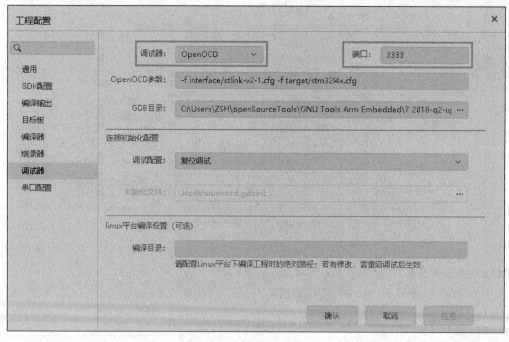

图 3-18 "调试器"页面

（2）如图 3-19 所示，单击上方的"编译"按钮，对项目工程进行编译操作。如图 3-20 所示，通过控制台输出检查终端是否编译成功。

2. 烧录程序

（1）检查相关配置项是否正确。

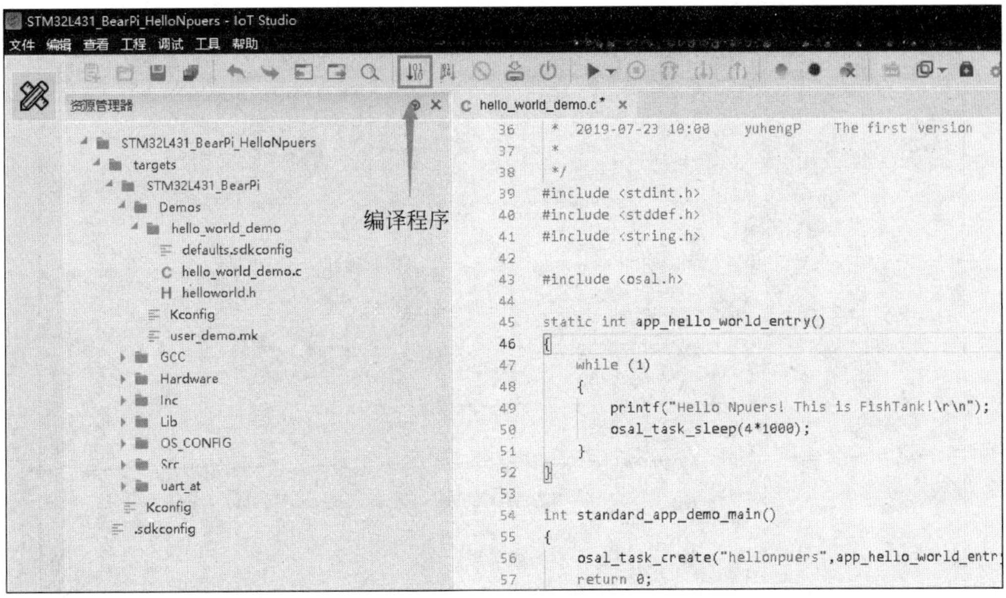

图 3-19　编译

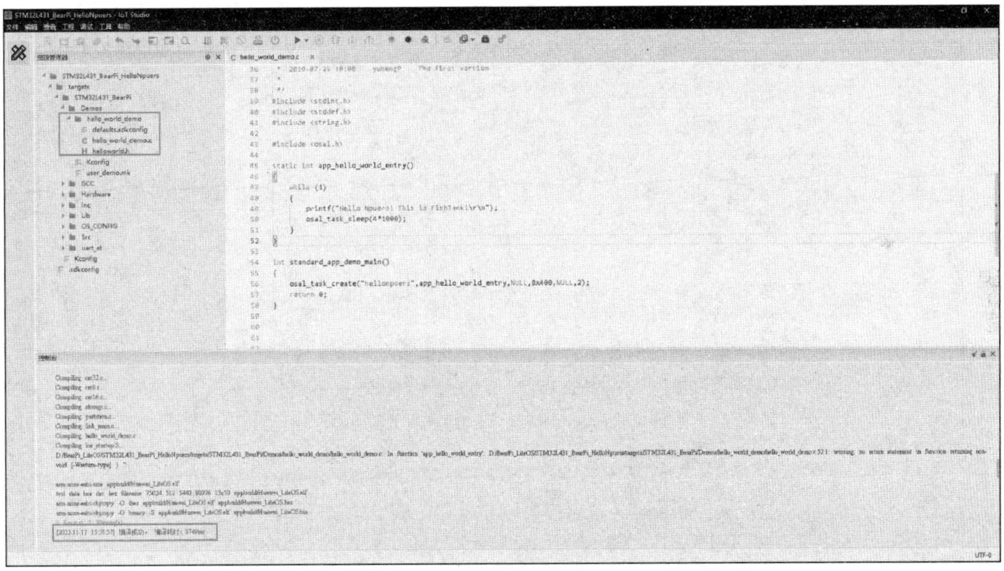

图 3-20　编译结果

（2）如图 3-21 所示，单击"烧录"按钮，开始程序的烧录，检查终端是否输出"烧录成功"的提示信息。

（3）烧录成功，查看开发板状态是否正常。

3.2.4　关键代码与实验结果

本次实验的示例代码为 hello_world_demo.c，打开后可以看到代码中主要创建了一个"hellonpuers"的任务，该任务每隔 4 秒打印一次" Hello Npuers! This is FishTank!"字符串，具体参数信息如图 3-22 所示。

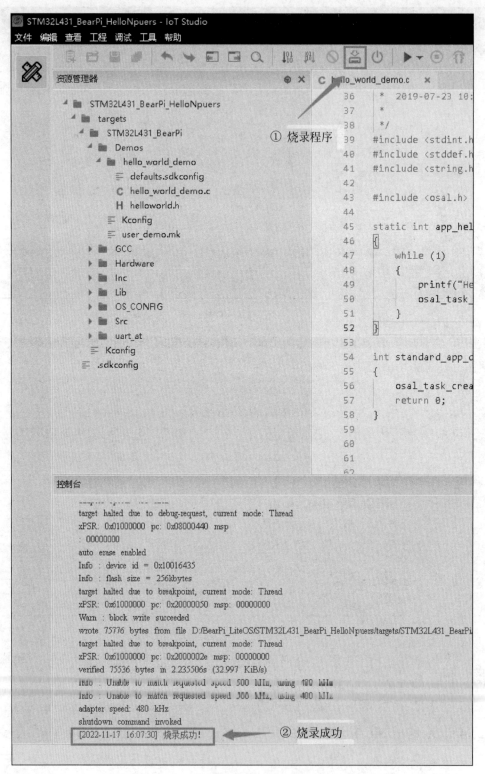

图 3-21　烧录

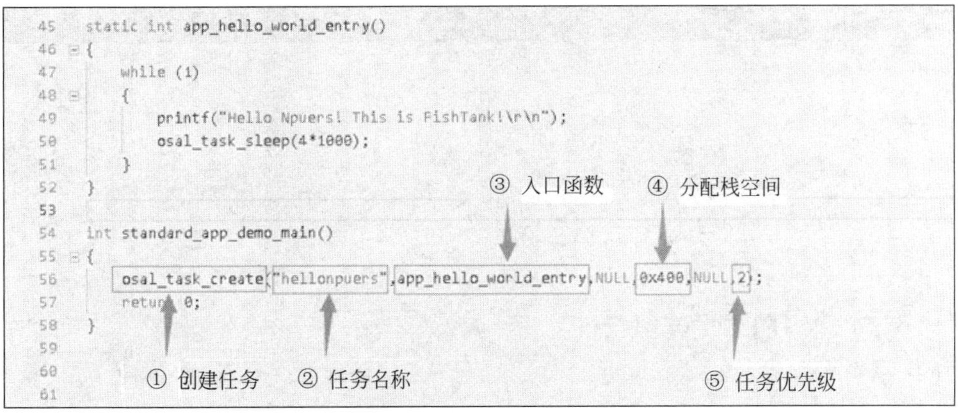

```
45    static int app_hello_world_entry()
46  ⊟ {
47        while (1)
48  ⊟    {
49            printf("Hello Npuers! This is FishTank!\r\n");
50            osal_task_sleep(4*1000);
51        }
52    }
53
54    int standard_app_demo_main()
55  ⊟ {
56        osal_task_create("hellonpuers",app_hello_world_entry,NULL,0x400,NULL,2);
57        return 0;
58    }
59
60
61
```

③ 入口函数　④ 分配栈空间

① 创建任务　② 任务名称　⑤ 任务优先级

图 3-22　代码解析

单击"串口终端"选项卡,单击"打开端口"按钮,终端开始打印" Hello Npuers! This is FishTank!"输出信息,实验结果如图 3-23 所示,实验目标完成。

注意:开发板的串口开关一定要选择 AT-MCU 模式。

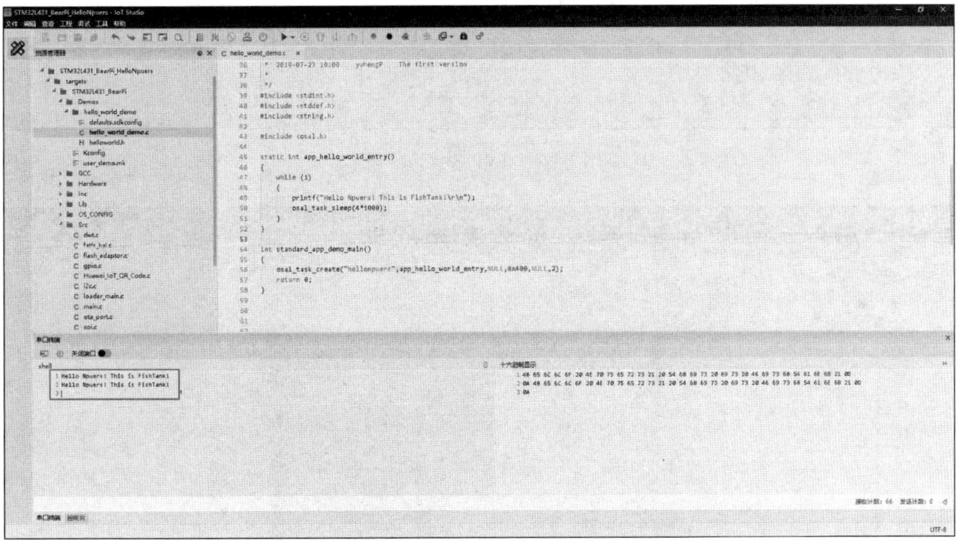

图 3-23　实验结果

3.3　实验二 LCD 屏幕显示实验

3.3.1　创建工程

在实验一的环境基础上,进行 LCD 屏幕显示实验。首先,如图 3-24 所示,打开 IoT Studio,选择"创建 IoT Studio 工程"。

如图 3-25 所示配置"工程名称"和"工程目录",选择"硬件平台"为 STM32L431_ BearPi,选择"基于示例工程构建"中的 hello_world_demo。

单击"完成"按钮后,IoT Studio 会自动打开工作区,并展示工程文件。

58

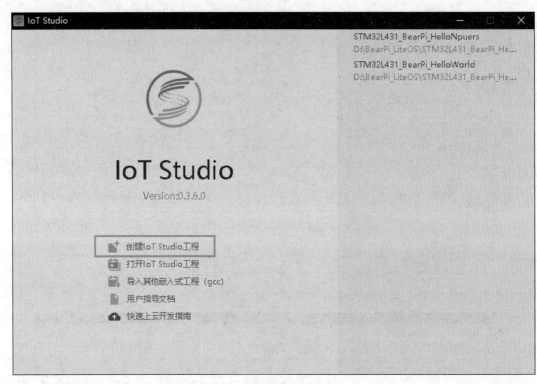

图 3-24　IoT Studio 界面

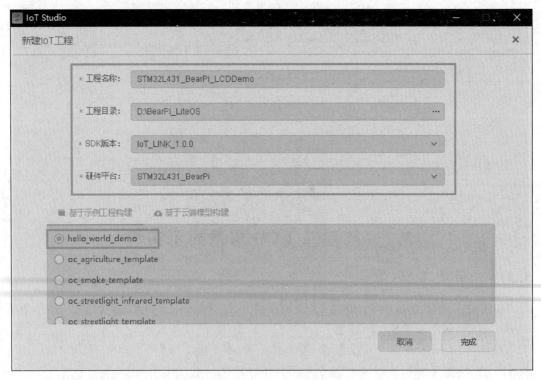

图 3-25　新建 IoT Studio 工程

3.3.2 工程配置

选择"工程"→"工程配置"命令,依次配置"编译输出"、"编译器"、"烧录器"及"调试器",将其中有关的路径信息配置为与本安装环境适配的路径,"Makefile 脚本"为工程目录下的 targets\STM32L431_BearPi\GCC\Makefile,如图 3-26～图 3-29 所示。

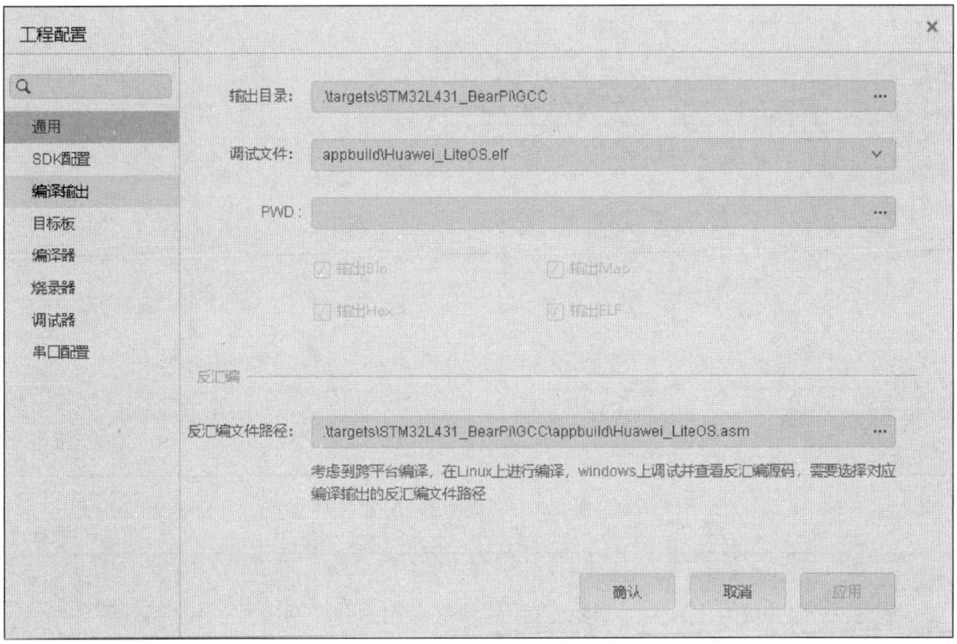

图 3-26 "编译输出"配置

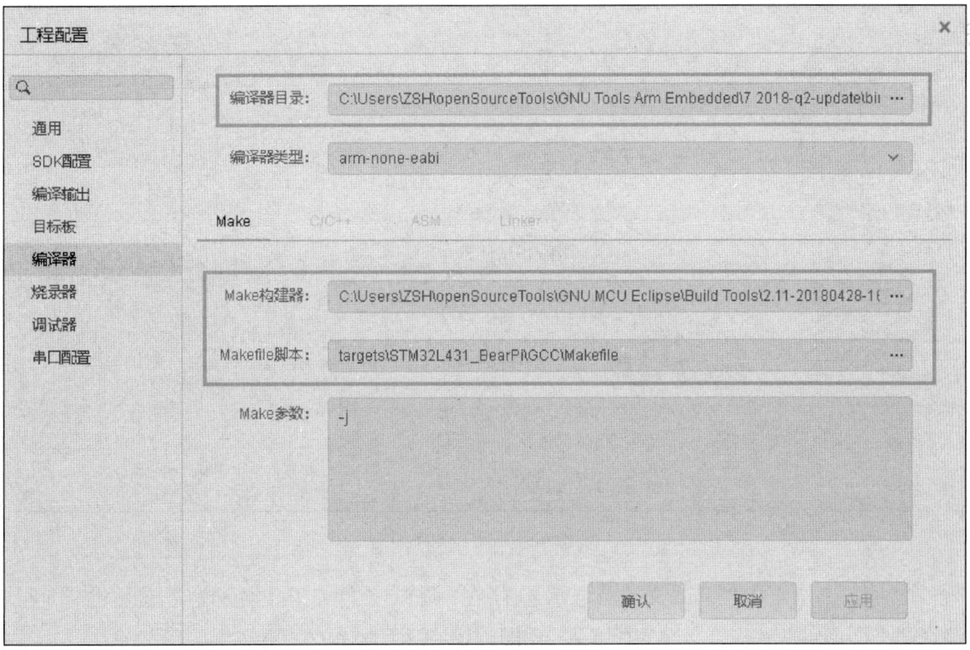

图 3-27 "编译器"配置

物端开发实验

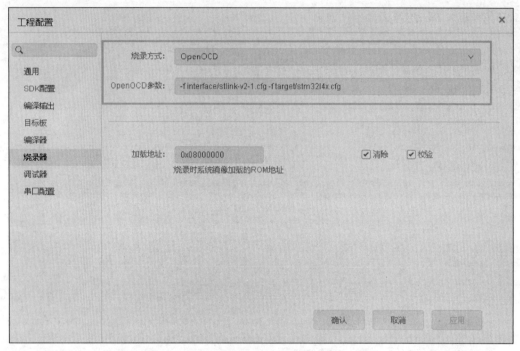

图 3-28 "烧录器"配置

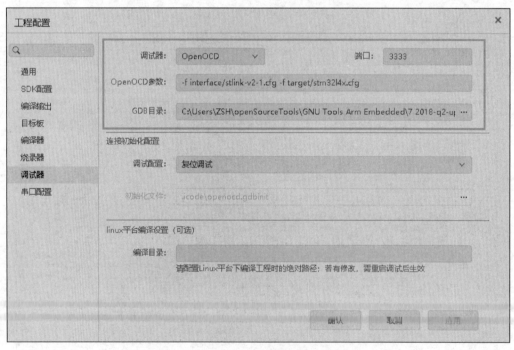

图 3-29 "调试器"配置

若在"编译输出"中"调试文件"显示不存在,调试文件在后续编译完成后会重新出现。
在"编译器"页面的"Make 参数"中填入-j8 即以 8 线程编译。

3.3.3 编译与烧录

单击工具栏中的"编译"按钮或按 F7 键即可编译,在控制台处可以看到如图 3-30 所示的编译详情及结果。

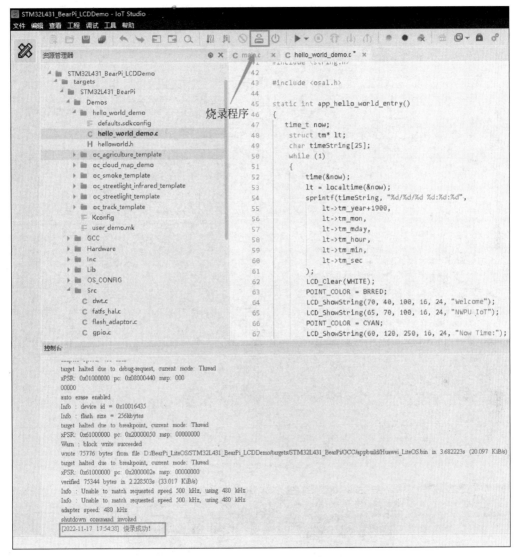

图 3-30 编译详情及结果

单击工具栏中的"烧录"按钮或按 F8 键即可将程序烧录至开发板,在控制台可以看到如图 3-31 所示的烧录过程及结果。

烧录完成后开发板会自动重新启动,并显示示例内容,如图 3-32 所示。

如图 3-33 所示,在"串口"配置页面进行配置后,可以在串口终端看到如图 3-34 所示的输出消息(串口为开发板在设备管理器中显示的串口号)。

如没有找到"串口终端"窗口,可以在菜单栏单击"查看"→"串口终端"命令打开。

物端开发实验

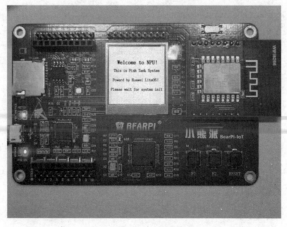

图 3-31　烧录过程及结果

图 3-32　烧录结果

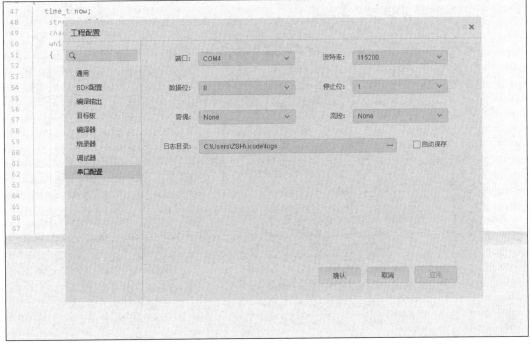

图 3-33 "串口配置"页面

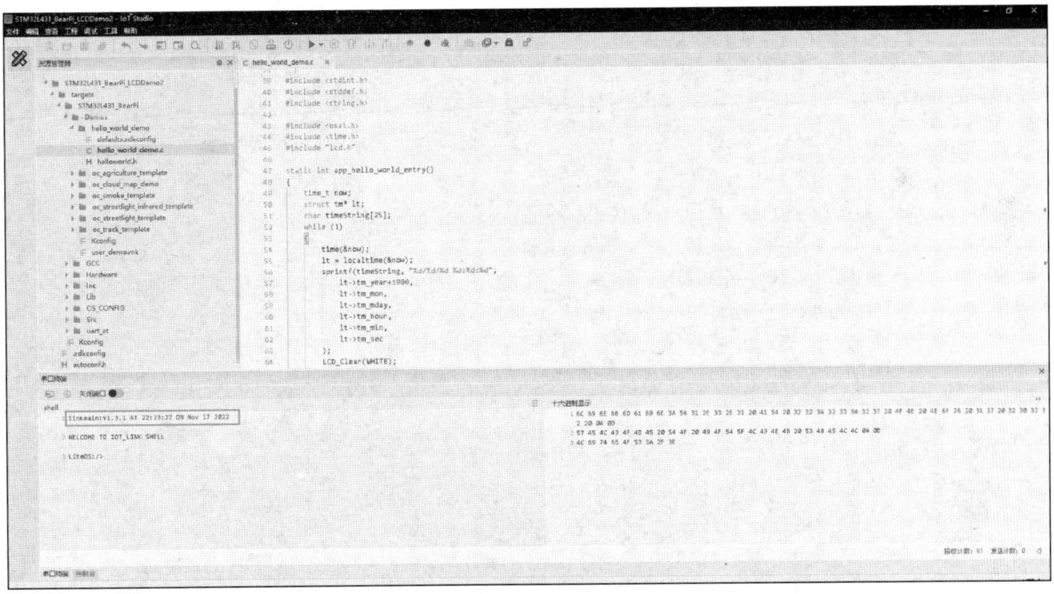

图 3-34 串口终端的输出结果

3.3.4 关键代码与实验结果

可以在示例的基础上修改代码,加入自己的显示内容。例如,修改 targets/STM32L431_BearPi/Demos/hello_world_demo/hello_world_demo. 文件,示例代码如下:

```
1.  # include < stdint. h >
2.  # include < stddef. h >
3.  # include < string. h >
4.  # include < osal. h >
5.
6.  # include "lcd. h"
7.  # include < time. h >
8.
9.  static int app_hello_world_entry()
10. {
11.     time_t nowTime;                                      //现在的时钟日期
12.     struct tm * localTime;                               //当前时钟指针
13.     char timeStrs [25];                                  //字符数组,存储当前时间
14.     while (1)
15.     {
16.         time(&nowTime);                                  //创建当前时间
17.         localTime = localtime(&nowTime);                 //获取当前时间
18.         sprintf(timeStrs, "%d/%d/%d %d:%d:%d",           //格式化输出
19.             localTime -> tm_year + 1900,                 //当前年
20.             localTime -> tm_mon,                         //当前月
21.             localTime -> tm_mday,                        //当前日
22.             localTime -> tm_hour,                        //当前时
23.             localTime -> tm_min,                         //当前分
24.             localTime -> tm_sec                          //当前秒
25.         );
26.         LCD_Clear(WHITE);                                //LCD 屏幕清空
27.         POINT_COLOR = BRRED;                             //红色输出到 LCD 屏幕
28.         LCD_ShowString(70, 40, 250, 16, 24, "Welcome!");
29.         LCD_ShowString(30, 70, 250, 16, 24, "This is NPU IoT");
30.         POINT_COLOR = BLACK;                             //黑色输出到 LCD 屏幕
31.         LCD_ShowString(60, 120, 250, 16, 24, "Now Time:");
32.         LCD_ShowString(6, 160, 250, 16, 24, timeStrs);
33.         osal_task_sleep(1000);                           //每 1000ms 显示一次
34.     }
35.     return 0;
36. }
37.
38. int standard_app_demo_main()
39. {
40.     osal_task_create("npuiot",app_hello_world_entry,NULL,0x400,NULL,2);
41.     return 0;
42. }
```

以上代码在第 6 行引入了 LCD 屏幕库文件(位于 targets/Hardware/LCD/lcd. h),并于 APP_hello_world_entry 函数内每秒获取一次开发板时间,将结果输出在 LCD 屏幕上,如图 3-35 所示。

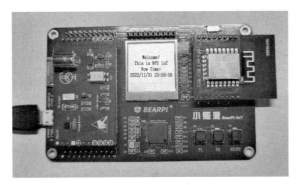

图 3-35　LCD 屏幕上的输出显示

3.4　实验三　温湿度实验

对于智能鱼缸系统,湿度、温度的实时监测和相关控制是系统中一项不可或缺的功能。接下来本实验将详细介绍智能鱼缸系统中温湿度监测模块的实现过程。

本实验将使用 E53_IA1 智慧农业模块作为温湿度数据来源,实验前请先将小熊派 BearPi IoT 开发板断电,硬件准备如图 3-36 所示。

图 3-36　E53_IA1 智慧农业模块(左)和小熊派 BearPi IoT 开发板(右)

需要注意的是,智慧农业模块的安装有方向性,不可反向安装。智慧农业模块的引脚有 1 位的缺失,同时开发板的引脚也有 1 位是不能插入的,可以以此作为参考正确插入模块。

正确插入的示例如图 3-37 所示。

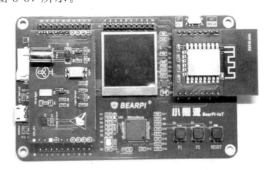

图 3-37　智慧农业模块正确插入示例

3.4.1 创建工程

如图 3-38 所示新建 IoT Studio 项目,选择硬件平台为 STM32L431_BearPi,选择"基于示例工程构建"中的 oc_agriculture_template。

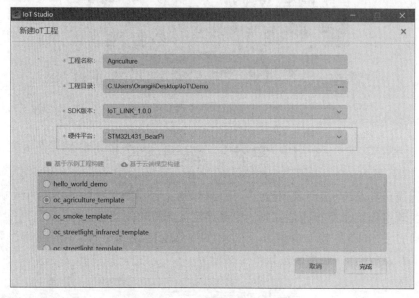

图 3-38　新建 IoT Studio 项目

3.4.2 工程配置

单击"工程"→"工程配置"命令,依次配置"编译输出"、"编译器"、"烧录器"及"调试器",将其中有关的路径信息,配置本机安装环境适配的路径,Makefile 脚本设置为工程目录下的 targets\STM32L431_BearPi\GCC\Makefile,如图 3-39～图 3-42 所示。

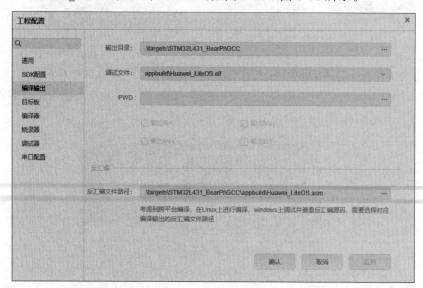

图 3-39　编译输出配置

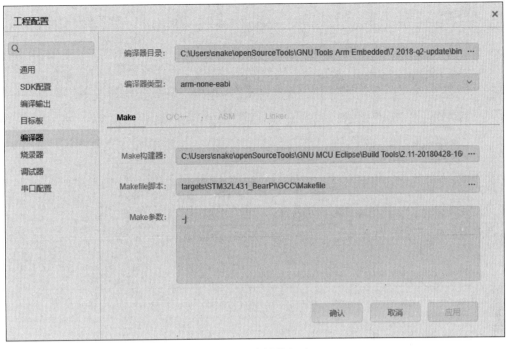

图 3-40　编译器配置

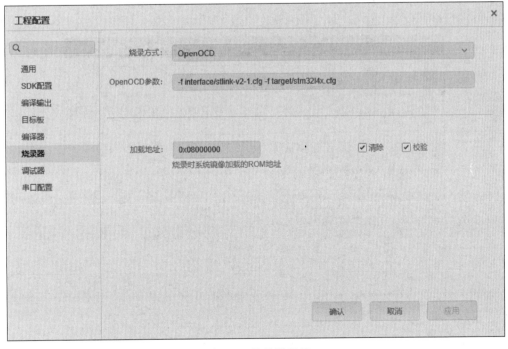

图 3-41　烧录器配置

若编译输出中调试文件显示不存在,则调试文件在后续编译完成后会重新出现。在"编译器"页面的"Make参数"中填入-j8即以8线程编译。

图 3-42　调试器配置

3.4.3　编译与烧录

单击工具栏中的"编译"按钮或按 F7 键即可编译,在控制台处可以看到如图 3-43 所示的编译详情及结果。

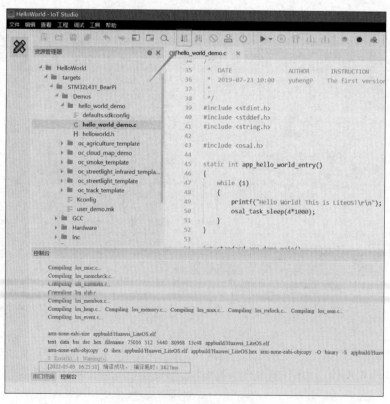

图 3-43　编译详情及结果

单击工具栏中的"烧录"按钮或按 F8 键即可将程序传入开发板,在控制台可以看到如图 3-44 所示的烧录过程及结果。

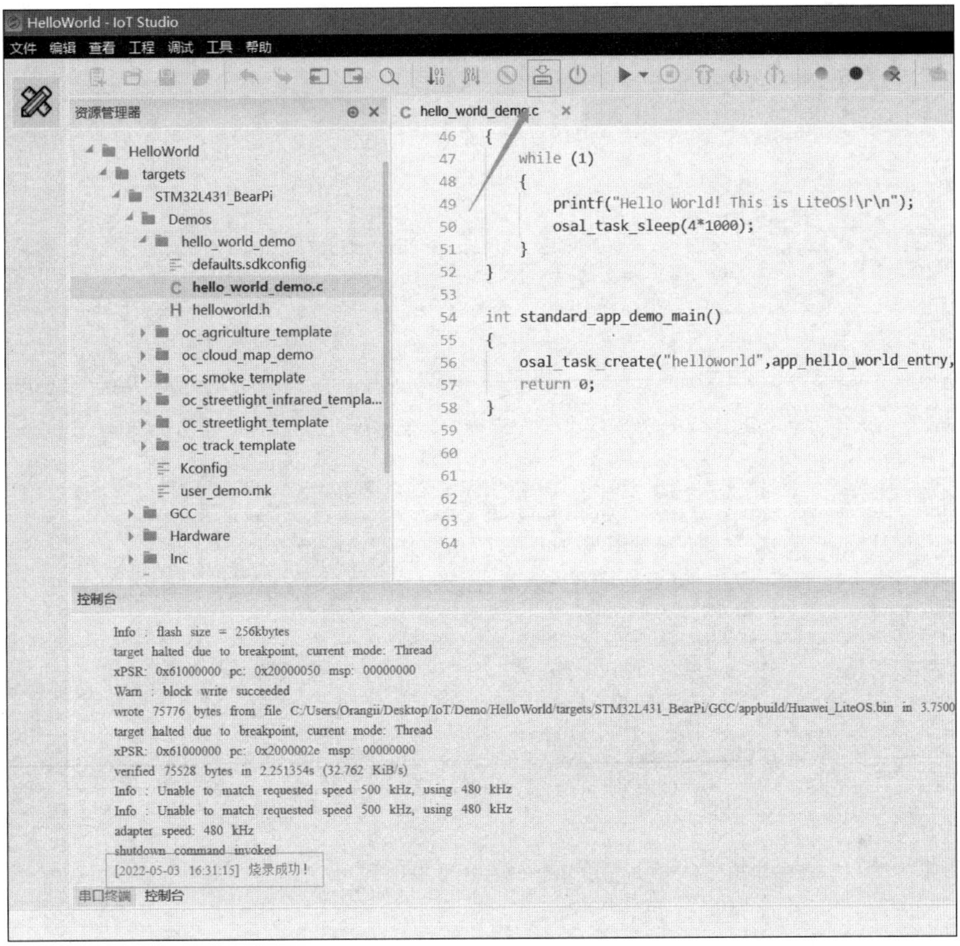

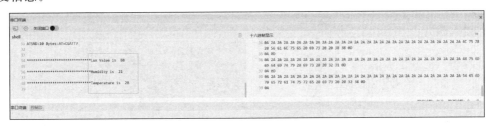

图 3-44　烧录过程及结果

如图 3-45 所示,烧录成功后可以看到系统初始化过程(需要几秒),之后即可看到跳动的二维码展示和智慧农业目标地址和端口的展示。同时,可以在串口终端看到当前温湿度、亮度信息。

图 3-45　串口终端的输出结果

3.4.4　关键代码与实验结果

可以对模板中的代码进行修改,如可以在收集温湿度数据的同时进行判断,打开板载电机、补光灯等设备,示例代码位于 targets/STM32L431_BearPi/Demos/oc_agriculture_ template/oc_agriculture_template.c,关键代码如下。

```
1.  static int app_collect_task_entry()
2.  {
3.      Init_E53_IA1();
4.      while (1)
5.      {
6.          E53_IA1_Read_Data();
7.          //输出光照、湿度、温度信息
8.          printf("\r\n ** Lux Value is % d\r\n", (int)E53_IA1_Data. Lux);
9.          printf("\r\n ** Humidity is % d\r\n", (int)E53_IA1_Data. Humidity);
10.         printf("\r\n ** Temperature is % d\r\n", (int)E53_IA1_Data. Temperature);
11.
12.         if (qr_code == 0)
13.         {
14.             LCD_Clear(WHITE);        //清空 LCD 显示屏上的内容,防止输出混乱
15.             POINT_COLOR = RED;       //使用红色
16.             LCD_ShowString(25, 10, 200, 16, 24, "Welcome To NPU");
17.             LCD_ShowString(80, 80, 250, 16, 16, "Temperature");
18.             LCD_ShowString(40, 100, 250, 16, 16, "And Humidity Module");
19.             LCD_ShowString(40, 120, 200, 16, 16, "For Smart Fish Tank");
20.             LCD_ShowString(10, 160, 200, 16, 16, "Parameters As Follow:");
21.             LCD_ShowString(10, 180, 200, 16, 16, "Lux value is:");
22.             LCD_ShowNum(140, 180, (int)E53_IA1_Data.Lux, 5, 16);
23.             LCD_ShowString(10, 200, 200, 16, 16, "Humidity is:");
24.             LCD_ShowNum(140, 200, (int)E53_IA1_Data.Humidity, 5, 16);
25.             LCD_ShowString(10, 220, 200, 16, 16, "Temperature is:");
26.             LCD_ShowNum(140, 220, (int)E53_IA1_Data.Temperature, 5, 16);
27.
28.         }
29.         //如果湿度过大,则启动电机并打开补光灯
30.         if ((int) E53_IA1_Data. Humidity > 50)
31.         {
32.             HAL_GPIO_WritePin(IA1_Light_GPIO_Port, IA1_Light_Pin, GPIO_PIN_SET);
33.             HAL_GPIO_WritePin(IA1_Motor_GPIO_Port, IA1_Motor_Pin, GPIO_PIN_SET);
34.         }
35.         else //若湿度正常,则关闭电机和补光灯
36.         {
37.             HAL_GPIO_WritePin(IA1_Light_GPIO_Port, IA1_Light_Pin, GPIO_PIN_RESET);
38.             HAL_GPIO_WritePin(IA1_Motor_GPIO_Port, IA1_Motor_Pin, GPIO_PIN_RESET);
39.         }
40.         //如果光照过低,则打开补光灯并输出警告信息
41.         if ((int) E53_IA1_Data. Lux < 30)
42.         {
43.             HAL_GPIO_WritePin(IA1_Light_GPIO_Port, IA1_Light_Pin, GPIO_PIN_SET);
44.             printf("\r\n ** lack of lux!\r\n");
45.         }
46.         else //光照正常,关闭补光灯
47.         {
48.             HAL_GPIO_WritePin(IA1_Light_GPIO_Port, IA1_Light_Pin, GPIO_PIN_RESET);
49.         }
50.         //如果温度过高或者过低,则输出警告信息
```

```
51.        if ((int) E53_IA1_Data.Temperature < 20 || (int) E53_IA1_Data.Temperature > 50 )
52.        {
53.            printf("\r\n ** Temperature Abnormalities!\r\n");
54.        }
55.
56.        osal_task_sleep(2 * 1000);
57.    }
58.
59.    return 0;
60. }
```

该代码判断了湿度是否大于 50,如果是,则启动电机和补光灯,向其 Pin 写入 SET;否则关闭它们,向它们的 Pin 写入 RESET。代码还对光照、温度数据进行了实时监测,如果光照过低,则会启动补光灯;如果温度过高或者过低,则会输出温度异常以提示用户。

可以使用手指遮盖温湿度传感器,使湿度上升,当湿度超过 50 时可以听到马达的嗡嗡声,并且可以看到补光灯亮起,抬起手指一段时间后关闭。实验结果如图 3-46 所示。

图 3-46   实验结果

3.5   实验四 Wi-Fi 实验

智能鱼缸系统在实现温湿度监测等功能后,还需连接互联网,方可使用户通过网络对智能鱼缸进行管理。本实验使用小熊派作为智能鱼缸系统载体,对系统建立 Wi-Fi 热点、搜索连接 Wi-Fi、建立 UDP 客户端、TCP 服务端等功能的实现进行了介绍。

3.5.1   搭建环境

1. PC 的最低配置

2G Hz 以上 CPU;1GB 以上内存;1GB 以上自由硬盘空间。

2. 软件环境搭建

(1)下载并安装虚拟机 VMware Workstation。

(2)下载鸿蒙官方镜像并在虚拟机安装打开。

小熊派官方基于 Ubuntu18 制作了一个镜像,该镜像内封装了包括 Python、Hpm 等多项编译、打包环境管理工具,无须用户再次手动配置。本实验涉及的鸿蒙镜像及其相关工具均可以在官方网站 https://toscode.gitee.com/中的"小熊派开源社区"或者直接搜索"BearPi-HM_Nano 十分钟上手"获取。

配置好虚拟机环境,官方镜像默认用户为 HarmonyOS,密码为 bearpi。进入虚拟机系统后,打开终端,输入 ifconfig 查询虚拟机 IP,如图 3-47 所示为 192.168.37.129。

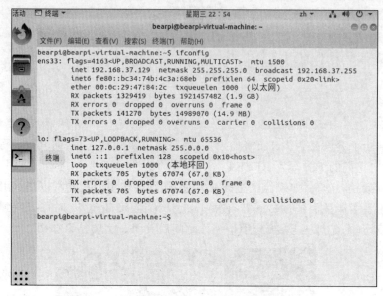

图 3-47　查询 IP 地址

可以先在主机上 ping 一下虚拟机的 IP 地址,检查是否可以 ping 通。如果 ping 不通,请确认虚拟机网络配置为 NAT 模式,并打开主机上的网络共享中心,选择更改适配器选项,将虚拟机对应的 vmnet8 连接的 IPv4 地址修改为虚拟机同一网段下。如虚拟机的 IP 地址为 192.168.37.129,就将 vmnet8 的地址修改为 192.168.37.1。

(3) 下载并安装 RaiDrive 工具。

RaiDrive 是一款用于文件映射的软件,它可以实现将虚拟机的磁盘映射到宿主机上。这样在进行实验时,就可以更方便地对虚拟机内的代码文件进行修改。

在 RaiDrive 官网或者小熊派官方 gitee 下载 RaiDrive 工具并打开,单击"添加"按钮,选择 NAS,SFTP。然后在地址栏输入虚拟机的 IP,在账户栏输入虚拟机用户 bearpi 和密码 bearpi,将虚拟机的文件映射到 Windows 系统中。如图 3-48 所示。映射成功后,在宿主机上打开文件管理器,就可以看到映射的 SFTP: Y 盘,该盘内存放的即是虚拟机的文件。

(4) 下载并安装 MobaXterm 工具。

MobaXterm 是一款增强远程连接工具,后续实验会使用它来连接虚拟机,连接开发板的串口获取输出。

从 MobaXterm 官网或者小熊派官方 gitee 下载工具并打开,单击左上角 Session 按钮,在弹出的 Session settings 对话框中单击 SSH 图标,在 Remote host 文本框中输入 IP 地址,在 Specify username 文本框中输入用户名,在 Port 文本框中输入端口号,如图 3-49 所示。连接虚拟机后需要输入密码并选择是否保存,其中用户名和密码默认都是 bearpi。

在 /home/bearpi 目录下新建文件夹 /code/project,输入以下指令:

```
hpm init -t default
hpm i @bearpi/bearpi_hm_nano
```

使用上述指令将代码从官方代码仓库中拉取(pull)下来。

图 3-48 文件映射

图 3-49 连接虚拟机

（5）下载并安装开发板 USB 驱动。

开发板驱动可以从网址 https：//www. wch. cn/search? q＝ch340g&t＝downloads
下载。

打开 SETUP.EXE 文件,为开发板连接作准备,如图 3-50 所示。

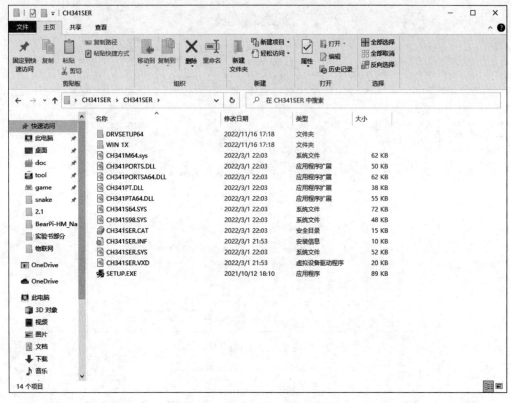

图 3-50　打开 SETUP.EXE 文件

(6) 下载 HiBurn。

HiBurn 用于将程序烧录进开发板,可以从小熊派官方 gitee 获取。

3.5.2　关键代码与实验结果

1. Wi-FiAP 热点

本实验的目标是使用智能鱼缸系统建立一个 Wi-Fi 热点,使其他设备可以连接到该热点,从而建立局域网连接。

1) 所用接口

所用接口如表 3-1 所示。

表 3-1　接口描述

接　口　名	功　能　描　述
EnableHotspot	启用 AP 热点模式
DisableHotspot	禁用 AP 热点模式
SetHotspotConfig	设置指定的热点配置
GetHotspotConfig	获取指定的热点配置
IsHotspotActive	检查 AP 热点模式是否启用
GetStationList	获取连接到该热点的一系列 STA
GetSignalLevel	获取接收信号的强度和频率

2）源码的主要代码参考

Wi-FiAP 热点实验基于 sample 文件夹中 D1 文件夹中的代码展开，其中 Wi-Fi_ap.c 文件的功能是开启热点。启用 AP 热点模式，设置指定的热点配置，并检查 AP 热点模式是否启用成功，若已经启用成功则可允许用户接入并获取连接到该热点的一系列 STA 和接收信号的强度和频率。

下面展示 Wi-Fi_ap.c 文件中的注册 Wi-Fi 事件、设置频段通道等热点配置和启动 Wi-Fi 热点等关键部分代码。

（1）注册 Wi-Fi 事件的回调函数。

```
1.   Wi-FiEvent.OnHotspotStaJoin = OnHotspotStaJoinHandler;
2.   Wi-FiEvent.OnHotspotStaLeave = OnHotspotStaLeaveHandler;
3.   Wi-FiEvent.OnHotspotStateChanged = OnHotspotStateChangedHandler;
4.  if (Wi-Fi_SUCCESS == (error = RegisterWifiEvent(&wifiEvent)))
5.   {
6.       printf("Register WiFi succeed!\r\n");
7.   }
8.  else //如果注册 Wi-Fi 失败,则直接输出 error 并返回
9.   {
10.      printf("Register WiFi failed, error = %d.\r\n", error);
11.      return -1;
12.  }
```

（2）设置指定的热点配置。

```
1.  #define AP_SSID "SmartFishTank"
2.  #define AP_PSK "0987654321"              //此处定义了要建立的热点和密码
3.
4.  HotspotConfig config = {0};
5.  config.securityType = WIFI_SEC_TYPE_PSK;
6.  config.band = HOTSPOT_BAND_TYPE_2G;   //2.4G 频段
7.  config.channelNum = 7;                 //通道
8.  strcpy(config.ssid, AP_SSID);
9.  strcpy(config.preSharedKey, AP_PSK);
10.
11. if (WIFI_SUCCESS == (error = SetHotspotConfig(&config)))
12.  {
13.      printf("Set Hotspot succeed!\r\n");
14.  }
15.  else //如果建立热点失败,则直接输出 error 并返回
16.  {
17.      printf("Set Hotspot failed, error = %d.\r\n", error);
18.      return -1;
19.  }
```

（3）启动 Wi-Fi 热点模式。

```
1. //启动 Wi-Fi 热点模式
2. if (WIFI_SUCCESS == (error = EnableHotspot()))
3.  {
4.      printf("Enable Hotspot succeed!\r\n");
```

```
5.    }
6.    else//如果启动失败,则直接输出 error 并返回
7.    {
8.        printf("Enable Hotspot failed, error = %d.\r\n", error);
9.        return -1;
10. }
```

D1 文件夹下的 BUILD.gn 文件指明了编译要包括的 source 文件和相关的依赖,通过在 source 中加入需要编译的代码文件配置相关的编译路径。

```
1.  static_library("wifi_ap") {
2.      sources = [
3.          "wifi_ap.c"
4.      ]
5.
6.      cflags = [ "-Wno-unused-variable" ]
7.      include_dirs = [
8.          "//utils/native/lite/include",
9.          "//kernel/liteos_m/components/cmsis/2.0",
10.         "//base/iot_hardware/interfaces/kits/wifiiot_lite",
11.         "//foundation/communication/interfaces/kits/wifi_lite/wifiservice",
12.         "//vendor/hisi/hi3861/hi3861/third_party/lwip_sack/include/",
13.     ]
14. }
```

修改 sample 目录下的 BUILD.gn 文件,配置根目录下所需编译文件的路径,指定 D1 参与编译。

```
1.  import("//build/lite/config/component/lite_component.gni")
2.
3.  lite_component("app") {
4.      features = [ "D1_iot_wifi_ap:wifi_ap",
5.      ]
6.  }
```

3) 打开 MobaXterm_Personal

连接虚拟机,找到之前下载的 code 文件,如图 3-51 所示。

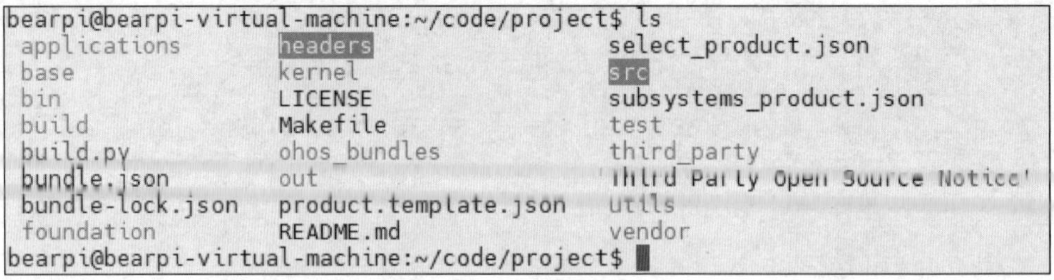

```
bearpi@bearpi-virtual-machine:~/code/project$ ls
applications      headers              select_product.json
base              kernel               src
bin               LICENSE              subsystems_product.json
build             Makefile             test
build.py          ohos_bundles         third_party
bundle.json       out                  'Third Party Open Source Notice'
bundle-lock.json  product.template.json utils
foundation        README.md            vendor
bearpi@bearpi-virtual-machine:~/code/project$
```

图 3-51 code 文件

在终端输入 hpm dist 指令进行编译,出现 BUILD SUCCESS 字样说明编译成功,如图 3-52 所示。

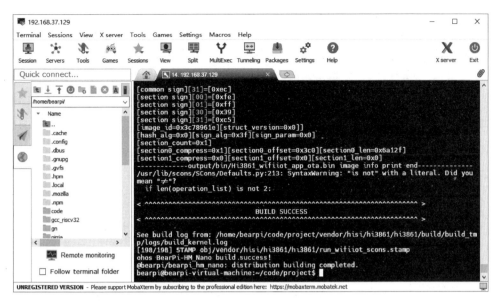

图 3-52　编译成功示意

4）连接小熊派开发板

将小熊派开发板通过数据线与宿主机相连。如图 3-53 所示，可通过宿主机的设备管理器找到开发板连接的端口（如本实验的端口为 COM4）。

图 3-53　开发板连接的端口

5）打开 HiBurn

选择正确的端口后，打开 HiBurn 对话框，选择 Hi3861_wifiiot_app_allinone.bin 文件（见

物端开发实验

图 3-54)，单击 Add 按钮，勾选 Auto burn 选项，再单击 Connect 按钮，如图 3-55 所示。连接前需要确认没有其他软件正在占用该端口，否则会出现连接失败。按下开发板复位键开始烧录，当烧录完成时，单击 Disconnect 按钮，并再次单击开发板的 Reset 按钮，如图 3-56 所示。

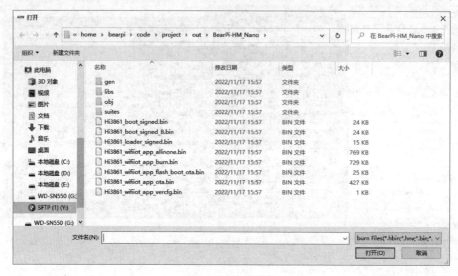

图 3-54　选择文件

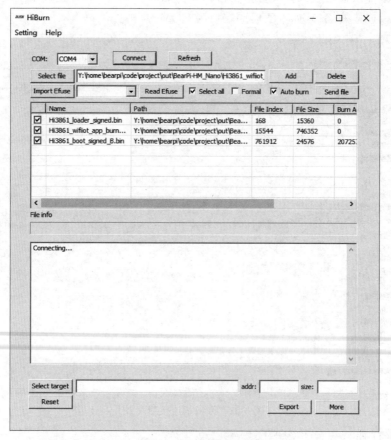

图 3-55　HiBurn 对话框

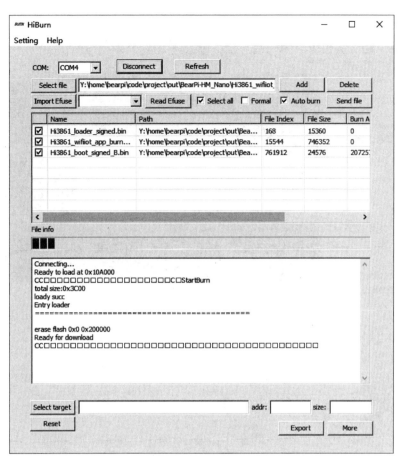

图 3-56 烧录过程

6）打开计算机或手机 Wi-Fi，当出现 SmartFishTank 热点时证明实验成功

SmartFishTank 的密码为之前设置好的 0987654321，可以连接该 Wi-Fi，连接成功后如图 3-57 所示。

7）在 MobaXterm_Personal 软件上查看端口日志

执行 Sessions→Serial 命令，在弹出的对话框中，端口选择与开发板相连的端口，如 COM4，设置 speed 为 115200，单击 OK 按钮。查看开发板连接的端口日志，可以看到当用户连接或断开时都会打印日志，如图 3-58 所示。如果查看不到或者日志不全，可以再次按下开发板上的 Reset 按钮，等系统重新启动后，便会显示完整日志。烧录时需要关闭该 Session，否则 HiBurn 会连接不上开发板。

图 3-57　连接成功

物端开发实验

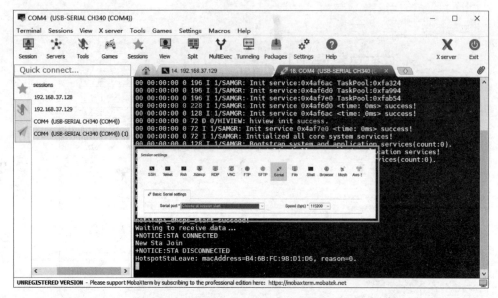

图 3-58　端口日志

2. Wi-Fi STA 联网

本实验的目标是让智能鱼缸系统可以搜索周围的 Wi-Fi 热点,并尝试连接。这样智能鱼缸系统便可以实现联网。

1) 所用接口

所用接口如表 3-2 所示。

表 3-2　接口描述

接　口　名	功　能　描　述
EnableWifi	启用 STA 模式
DisableWifi	禁用 STA 模式
IsWifiActive	检查 STA 模式是否成功启用
Scan	扫描热点信息
GetScanInfoList	获取所有扫描到的热点信息列表
AddDeviceConfig	获取配置连接的热点信息
RemoveDevice	删除指定的热点配置信息
ConnectTo	接到指定的热点
Disconnect	断开连接
GetLinkedInfo	获取热点连接信息
GetDeviceMacAddress	获取设备的 Mac 地址

2) 源码的关键代码参考

Wi-Fi STA 联网实验基于 sample 文件夹中 D2 文件夹中的代码展开,其中 wifi_sta_connect.c 文件的功能是查询并连接 Wi-Fi。首先启用 Wi-Fi STA 模式,检查 Wi-Fi STA 模式是否启用成功,若启用成功则扫描热点信息并获取所有扫描到的热点列表,然后配置连接到的热点信息并连接到指定热点。

下面展示初始化 Wi-Fi、激活 Wi-Fi STA 模式、判断 Wi-Fi STA 模式是否激活、分配空间保存 Wi-Fi 信息、轮询查找 Wi-Fi 列表、打印 Wi-Fi 列表、连接指定的 Wi-Fi 热点等关键部分代码。

（1）初始化 Wi-Fi、激活 Wi-Fi STA 模式。

```
1.  //初始化 Wi-Fi
2.     WiFiInit();
3.
4.     //激活 Wi-Fi,开启 FTA 模式
5.  if (WIFI_SUCCESS == (error = EnableWifi()))
6.     {
7.         printf("Enable WiFi succeed!");
8.     }
9.     else
10.    {
11.        printf("Enable WiFi failed, error = %d\n", error);
12.        return -1;
13.    }
```

（2）判断 Wi-Fi STA 模式是否激活、分配空间保存 Wi-Fi 信息。

```
1.  //判断 Wi-Fi STA 模式是否激活,如果 Wi-Fi STA 模式未激活,则报错
2.  if (WIFI_STATE_AVALIABLE == IsWifiActive())
3.  {
4.     printf("WiFi station actived!\n");
5.  }
6.  else
7.  {
8.     printf("WiFi station is not actived.\n");
9.     return -1;
10. }
11.
12.    //分配空间,保存 Wi-Fi 信息
13.    info = malloc(sizeof(WifiScanInfo) * WIFI_SCAN_HOTSPOT_LIMIT);
14.    if (info == NULL)
15.    {
16.        return -1;
17.    }
18.
```

（3）轮询查找 Wi-Fi 列表、打印 Wi-Fi 列表。

```
1.  //轮询查找 Wi-Fi 列表
2.     While(1)
3.     {
4.         //重置标志位
5.         ssid_count = 0;
6.         g_staScanSuccess = 0;
7.
8.         //开始扫描
9.         Scan();
10.
11.        //等待扫描结果
12.        WaitSacnResult();
```

```
13.
14.        //获取扫描列表,存入 info
15.            if ((error = GetScanInfoList(info, &size)) == 1)
16.            {
17.                printf("Scan WiFi failed, error = % d\n", error);
18.            }
19.            //扫描完退出循环
20.            if (g_staScanSuccess != 1)
21.            {
22.                break;
23.            }
24.        }
25.
26.    //打印 Wi-Fi 列表
27.    printf(" ******************** \r\n");
28.    for(uint8_t i = 0; i < ssid_count; i++)
29.    {
30.        printf("no: % 03d, ssid: % - 30s, rssi: % 5d\r\n", i + 1, info[i].ssid, info[i].rssi/
100);
31.    }
32.    printf(" ******************** \r\n");
```

（4）连接指定的 Wi-Fi 热点。

```
1.     for(uint8_t i = 0; i < ssid_count; i++)
2.     {
3.         //SELECT_WIFI_SSID 和 SELECT_WIFI_PASSWORD 为要连接的 Wi-Fi 名和密码
4.         if (strcmp(info[i].ssid, SELECT_WIFI_SSID) == EQUAL)
5.         {
6.             printf("Select: % 3d wireless, Waiting...\r\n", i + 1);
7.
8.             //复制要连接的热点信息
9.             strcpy(select_ap_config.ssid, info[i].ssid);
10.            strcpy(select_ap_config.preSharedKey, SELECT_WIFI_PASSWORD);
11.            select_ap_config.securityType = SELECT_WIFI_SECURITYTYPE;
12.            int result;
13.            //配置将要连接的热点信息
14.            if (WIFI_SUCCESS == (error = AddDeviceConfig(&select_ap_config, &result)))
15.            {
16.                if (WIFI_CONNECTED == WaitConnectResult() && WIFI_SUCCESS == ConnectTo(result))
17.                {
18.                    printf("WiFi connect succeed!\r\n");
19.                    g_lwip_netif = netifapi_netif_find(SELECT_WLAN_PORT);
20.                    break;
21.                }
22.            }
23.        else
24.            {
25.                printf("Connect WiFi failed, error = % d\n", error);
26.                break;
27.            }
28.        }
29.
```

```
30.      //未找到要连接的 Wi-Fi
31.      if( i == ssid_count - 1)
32.      {
33.          printf("ERROR: No WiFi as expected\r\n");
34.          while(1) osDelay(100);
35.      }
36.  }
```

其中 WiFiInit()函数为:

```
1. static void WiFiInit(void)
2. {
3.    printf("<-- Wifi Init -->\r\n");
4.    wifiEvent.OnWifiScanStateChanged = OnWifiScanStateChangedHandler;
5.    wifiEvent.OnWifiConnectionChanged = OnWifiConnectionChangedHandler;
6.    wifiEvent.OnHotspotStaJoin = OnHotspotStaJoinHandler;
7.    wifiEvent.OnHotspotStaLeave = OnHotspotStaLeaveHandler;
8.    wifiEvent.OnHotspotStateChanged = OnHotspotStateChangedHandler;
9.    if (WIFI_SUCCESS == (error = RegisterWifiEvent(&wifiEvent)))
10.   {
11.       printf("Register WiFi succeed!\r\n");
12.   }
13.   else //如果注册 Wi-Fi 失败,则直接输出 error 并返回
14.   {
15.       printf("Register WiFi failed, error = %d.\r\n", error);
16.       return -1;
17.   } }
```

D2 文件夹下的 BUILD.gn 文件指明了编译要包括的 source 文件和相关的依赖,
BUILD.gn 文件配置编译路径。

```
1. static_library("wifi_sta_connect") {
2.     sources = [
3.         "wifi_sta_connect.c"
4.     ]
5.
6.     cflags = [ "-Wno-unused-variable" ]
7.     include_dirs = [
8.         "//utils/native/lite/include",
9.         "//kernel/liteos_m/components/cmsis/2.0",
10.        "//base/iot_hardware/interfaces/kits/wifiiot_lite",
11.        "//foundation/communication/interfaces/kits/wifi_lite/wifiservice",
12.        "//vendor/hisi/hi3861/hi3861/third_party/lwip_sack/include/",
13.    ]
14. }
```

修改 sample 下的 BUILD.gn 文件,配置根目录下所需编译文件的路径,指定 D2 文件
夹中的代码参与编译。

```
1. import("//build/lite/config/component/lite_component.gni")
2.
3. lite_component("app") {
```

物端开发实验

```
4.      features = [
5.      "D2_iot_wifi_sta_connect:wifi_sta_connect",
6.           ]
7. }
```

3）编译与烧录过程

编译与烧录过程和上述 Wi-Fi AP 热点实验的编译与烧录过程相同。

4）结果展示

结果展示如图 3-59 所示。

图 3-59　结果展示

在日志中可以看到，本次执行查询了所有可用的 Wi-Fi，并成功连接了指定的 Wi-Fi。

3. UDP 客户端

智能鱼缸系统除了要实现联网功能，还需要具有与局域网内其他设备通信的功能。本实验将在智能鱼缸系统的开发板上建立 UDP 客户端，然后向指定的 UDP 服务端发送信息，以实现设备间的通信。

1）所用接口

所用接口如表 3-3 所示。

表 3-3　接口描述

接　口　名	功　能　描　述
socket	创建套接字
sendto	将数据由指定的 socket 发送到远端主机
recvfrom	从远端主机接收 UDP 数据
close	关闭套接字

2）通信流程

UDP 通信的流程可分为①创建套接字，②为套接字绑定地址信息，③发送数据，④接收数据，⑤关闭套接字五步。具体通信流程如图 3-60 所示。

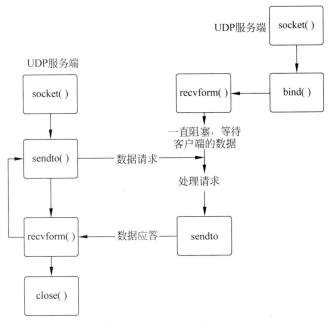

图 3-60　UDP 通信流程

3）源码的关键代码展示

UDP 客户端实验基于 sample 文件夹中 D3 文件夹中的代码展开，其中 udp_client.c 文件的功能是通过 UDP 传输方式向远端主机发送数据。首先创建套接字，将数据从指定的 socket 发送到远端主机，再从远端主机接收 UDP 数据，最后关闭套接字。

下面将展示创建套接字、初始化预连接的服务端地址、发送数据和接收数据等部分代码。

（1）连接 Wi-Fi 并创建套接字。

```
1. //连接Wi-Fi
2. //在此处填写要连接的Wi-Fi和密码
3. WifiConnect("指定WiFi的SSID", "WiFi密码");
4.
5. //创建socket
6. sock = socket(AF_INET, SOCK_DGRAM, 0);
7. if (sock == -1)//IPV4
8. {
9.     perror("create socket failed!\r\n");
10.    exit(1);
11. }
```

（2）初始化预连接的服务端地址。

```
1. //初始化预连接的服务端地址
2. char * server_address = "192.168.3.20";
```

```
3.    //这里填写宿主机的 IP 地址,因为 UDP 服务器在宿主机上
4.    address.sin_addr.s_addr = inet_addr("192.168.3.20");
5.    address.sin_family = AF_INET;
6.    address.sin_port = htons(_PROT_);
7.    int addr_size = sizeof(send_addr);
8.    addr_length = addr_size;
```

（3）发送数据和接收数据。

```
1.    for(;;)
2.    {
3.        int data_size = sizeof(recv_data);
4.        bzero(recv_data, data_size);
5.
6.        //发送数据到 UDP 服务器端
7.        sendto(sock, send_data, strlen(send_data), 0, (struct sockaddr * )&address, addr_
   length);
8.
9.        //线程休眠一段时间
10.       sleep(10);
11.
12.       //接收服务器端返回的字符串
13.        recvfrom(sock, recv_data, sizeof(recv_data), 0, (struct sockaddr * )&address,
   &addr_length);
14.        printf("%s:%d=>%s\n", inet_ntoa(address.sin_addr), ntohs(address.sin_
   port), recv_data);
15.    }
```

修改 sample 下的 BUILD.gn 文件,配置根目录下所需编译文件的路径,指定 D3 文件夹中的代码参与编译。

```
1. import("//build/lite/config/component/lite_component.gni")
2.
3. lite_component("app") {
4.    features = [
5.    "D3_iot_udp_client:udp_client",
6.    ]
7. }
```

此处采用 UDP 客户端,代码文件 udp_client.c 中的关键代码部分如下:

```
1. //自定义端口,与 UDP 服务器端口一致
2. #define _PROT_ 1024
3. //发送的 socket 包的内容
4. static const char * send_data = "Hello! This NPU Smart Fish Tank!\r\n";
5. //连接 Wi-Fi,需要和本地接收端连接同一个局域网,WifiConnect()函数参考 Wi-Fi AP 热点
实验
6. WifiConnect("指定 WiFi 的 SSID", "WiFi 密码");
7. //本地局域网的 IP 地址
8. char * server_address = "192.168.3.20";
9. send_addr.sin_addr.s_addr = inet_addr(server_address);
```

配置信息如图 3-61 所示。

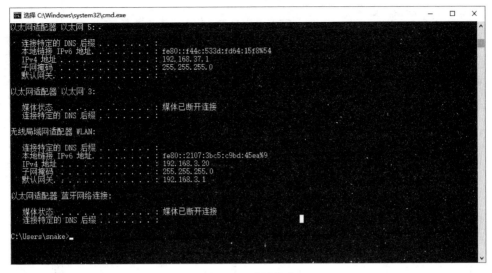

图 3-61 配置信息

4）编译与烧录过程

编译与烧录过程与上述 Wi-Fi AP 热点实验编译与烧录过程相同。

5）在 MobaXterm_Personal 软件上单击 Sessions

查看开发板连接的端口日志，确保 Wi-Fi 连接成功，如图 3-62 所示。

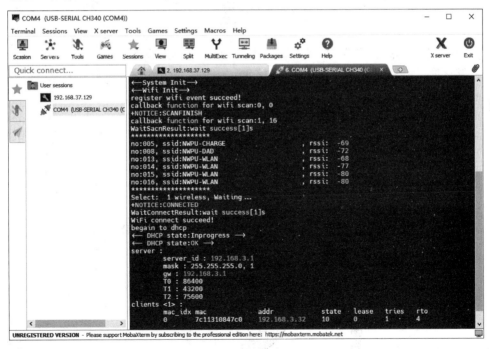

图 3-62 查看端口日志

6）打开 TCP/UDP Socket 调试工具

建立 UDP Server，注意端口号要与代码中所填端口号保持一致。单击开发板上的 Reset 按钮，可以看到接收到数据，如图 3-63 所示。

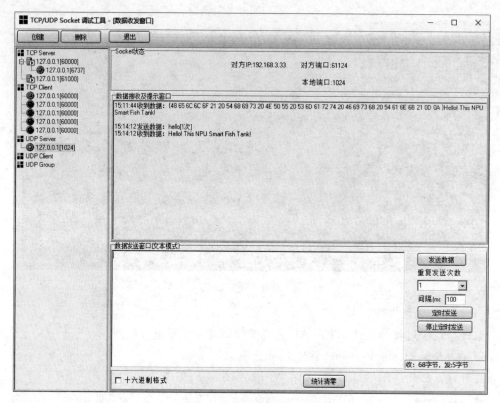

图 3-63　建立 UDP Server

使用 UDP Server 给开发板发送 Hello 信息,可以在开发板连接的串口日志中看到。开发板会发送回复消息:"Hello This is NPU Smart Fish Tank!"。

4. TCP 客户端

上个实验演示了智能鱼缸系统 UDP 客户端的搭建过程,本实验将对系统建立 TCP 服务器端的过程进行介绍。

1)所用接口

所用接口如表 3-4 所示。

表 3-4　接口描述

接口名	功能描述
bind	为套接字关联一个相应的地址与端口号
listen	将套接字设置为监听模式
accept	接受套接字上新的连接
recv	接收数据
send	发送数据
close	关闭套接字

2)通信流程

TCP 通信的流程一般分为三步,首先是建立 TCP 连接通道,其次是传输数据,最后是断开 TCP 连接通道,具体的通信流程如图 3-64 所示。

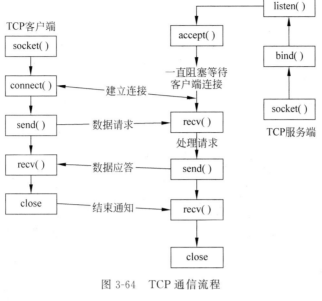

图 3-64　TCP 通信流程

3）源码的关键代码参考

TCP 服务器端实验基于 sample 文件夹中 D4 文件夹中的代码展开，其中 tcp_server.c 文件的功能是使用 TCP 与客户端进行交互。首先创建套接字并为套接字关联一个相应的地址与端口号，再将套接字设置为监听模式，接受套接字上的连接，进行接收数据和发送数据，最后关闭套接字。

下面展示创建套接字并为套接字关联一个相应的地址与端口号、将套接字设置为监听模式、接受套接字上的连接、接收数据和发送数据等关键部分代码。

（1）创建套接字并为套接字关联一个相应的地址与端口号。

```
1.  //服务器端地址信息
2.    struct sockaddr_in server_sockect;
3.
4.    //客户端地址信息
5.    struct sockaddr_in client_sockect;
6.    int sin_size = sizeof(struct sockaddr_in);
7.
8.    struct sockaddr_in * cli_address;
9.
10.   //连接 Wi-Fi
11.   WifiConnect("指定 WiFi 的 SSID", "WiFi 密码");
12.
13.
14.   //创建 socket
15.   sock_fd = socket(AF_INET, SOCK_STREAM, 0);
16.   if (sock_fd != -1)
17.   {
18.       printf("sockect created");
19.   }
20.   else
21.   {
```

```
22.          perror("socket is error\r\n");
23.          exit(1);
24.      }
25.
26.      bzero(&server_sockect, sizeof(server_sockect));
27.      server_sockect.sin_family = AF_INET;
28.      server_sockect.sin_addr.s_addr = htonl(INADDR_ANY);
29.      server_sockect.sin_port = htons(PROT);   //_PROT_为 TCP 服务器要监听的端口
30.
31.      //调用 bind()函数绑定 socket 和地址
32.      int error = bind(sock_fd, (struct sockaddr * )&server_sock, sizeof(struct sockaddr));
33.      if (error != -1)
34.
35. {
36.     printf("bind succeed");
37. }
38. else
39. {
40.     perror("bind is error\r\n");
41.     exit(1);
42. }
```

（2）将套接字设置为监听模式。

```
1. //调用 listen()函数监听(指定 port 监听)
2.     error = listen(sock_fd, TCP_BACKLOG);
3.    if (error != -1)
4.    {
5.    printf("start accept\n");
6.    }
7.        else
8. {
9.        perror("listen is error\r\n");
10.       exit(1);
11.    }
```

（3）接受套接字上的连接并进行收发数据。

```
1. //从队列中调用 accept()函数
2. for(;;)
3. {
4.    new_fd = accept(sock_fd, (struct sockaddr * )&client_sockect, (socklen_t * )&sin_
size);
5.     if (new_fd != -1)
6.     {
7.         printf("new_fd created");
8.     }
9.     else
10.    {
11.        perror("accept");
12.        continue;
13.    }
14.
```

```
15.
16.     printf("accept addr\r\n");    //输出 TCP 客户端的地址信息
17.     int addr_size = sizeof(struct sockaddr);
18.     if ((cli_address = malloc(addr_size)) != NULL)
19.     {
20.         memcpy(cli_address, &client_sockect, addr_size);
21.     }
22.
23.     //处理目标
24.     ssize_t ret;
25.
26.     for(;;)
27.     {
28.
29.         ret = recv(new_fd, recv_data, sizeof(recv_data), 0);
30.         if (ret != -1)
31.         {
32.             printf("recv : % s\r\n", recv_data);
33.         }
34.         else{
35.             printf("recv error \r\n"); //输出接收到的信息
36.         }
37.
38.         sleep(2);
39.
40. ret = send(new_fd, send_data, strlen(recv_data) + 1, 0);
41.         if ( ret!= -1)
42.         {
43.             printf("send succeed!");
44.         }
45.         else{
46.             perror("send : ");
47.         }
48.
49.         sleep(2);
50.     }
51.
52.     close(new_fd);
53. }
```

修改 sample 下的 BUILD.gn 文件,配置根目录下所需编译文件的路径,指定 D4 参与编译。

```
1. import("//build/lite/config/component/lite_component.gni")
2.
3. lite_component("app") {
4.     features = [
5.         "D4_iot_tcp_server:tcp_server",
6.     ]
7. }
```

（4）编译与烧录过程

编译与烧录过程与上述 Wi-Fi AP 热点实验的编译与烧录过程相同。

（5）在 MobaXterm_Personal 软件上单击 Sessions。

查看开发板连接的端口日志，确保 Wi-Fi 连接成功，并开始监听端口，如图 3-65 所示。

图 3-65　Wi-Fi 连接成功

（6）打开 TCP/UDP Socket 调试工具。

建立 TCP client，输入智能鱼缸系统的 IP 地址和端口，如图 3-66 所示。单击"连接"按钮，可以看到调试工具显示连接成功，开发板连接的端口日志也显示连接成功，如图 3-67 所示。

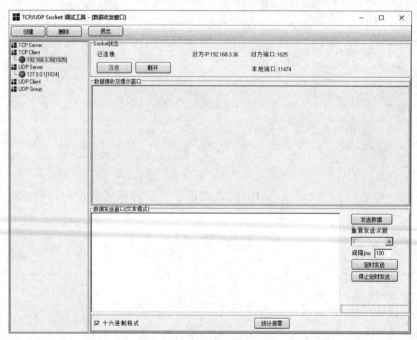

图 3-66　设置 IP 地址及端口

图 3-67　连接成功

（7）数据收发。

使用 Socket 调试工具，取消勾选页面下方的"十六进制格式"，便可以通过数据发送窗口向开发板发送消息。在发送窗口输入 Hello 并发送，会收到智能鱼缸系统的回复信息，如图 3-68 所示。

图 3-68　数据收发

3.6 本 章 小 结

本章基于国产软硬件产品介绍了采用 LiteOS 和小熊派的物端开发实验。

LiteOS 是华为公司一款具有自主知识产权的操作系统,与当前流行的野火、小熊派等基于 STM32 的开发板具有良好的兼容性。其中,小熊派以简单易用、集成度高、案例丰富等优点,获得初学者青睐。

本章首先介绍了"小熊派开发板＋LiteOS Studio"的环境配置方法;然后以简单的 Hello World 为例,完成该软硬件环境下的代码初体验。最后结合上一单元的开发案例,将智能鱼缸系统从显示、温湿度和联网三个主要模块分步讲解,为今后的综合应用开发打下了坚实的基础。

第4章 | 鸿蒙应用基础

4.1 应用开发环境搭建流程

4.1.1 Node.js

Node.js 发布于 2009 年 5 月,是一个基于 Chrome V8 引擎的 JavaScript 运行环境,采用异步事件驱动、非阻塞式的 I/O 模型,可以用来构建可扩展的网络应用,同时可以让 JavaScript 运行在服务器端的开发平台。

Node.js 是开发 HarmonyOS(鸿蒙系统)应用过程中必备的软件,主要用于开发 HarmonyOS 的 JavaScript 应用程序以及运行鸿蒙预览器功能。

登录 Node.js 的官网下载界面,如图 4-1 所示,其中 LTS 表示长期支持的稳定版本, Current 表示当前发布的最新版本,包含部分最新功能。

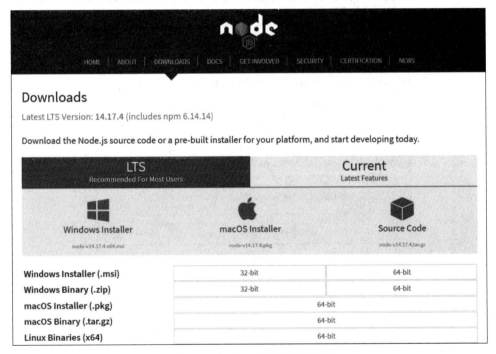

图 4-1 Node.js 官方下载界面

以下将通过 LTS 的 Windows 版本演示 Node.js 下载和安装的一般步骤。

(1) 首先下载符合计算机配置的安装包,下载完成后双击安装包"node-v14. x. x-x64. msi"进行安装,如图 4-2 所示为 Node. js 的安装向导界面。

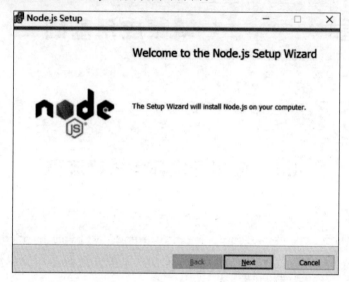

图 4-2　Node. js 的安装向导界面

(2) 如图 4-3 所示,勾选接受协议选项(I accept the terms in the License Agreement),单击 Next 按钮进入安装路径配置页面,默认安装目录为 C:\Program Files\Node. js\。

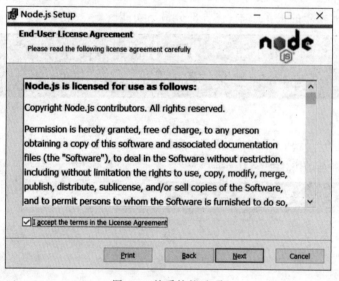

图 4-3　接受协议选项

(3) 单击 Next 按钮进入如图 4-4 所示的界面,单击树形图标选择安装模式,通常默认模式即可满足需求。

(4) 进入如图 4-5 所示界面,单击 Install 按钮开始安装,如果想要检查原有步骤或更改配置,可以单击 Back 按钮返回之前的界面。

(5) 安装完成之后,可在命令行输入 node -v 指令查看 Node. js 的版本号,如图 4-6 所示。

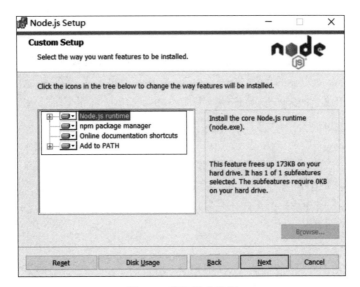

图 4-4　安装模式选择

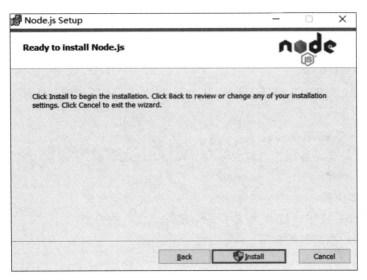

图 4-5　安装界面

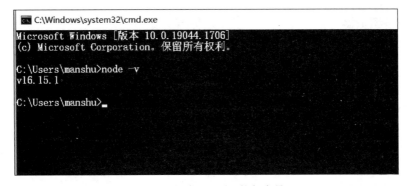

图 4-6　查看 Node.js 的版本号

4.1.2 DevEco Studio IDE

目前 HarmonyOS 处于成长期,如何积聚更多的开发者为鸿蒙软件生态持续提供各类优质应用,是华为最为关心的问题之一。由于 Android 的普及等各种原因,使用 Java 语言进行应用开发的开发者群体最为庞大,为考虑更多开发者的习惯,华为打造了 DevEco Studio IDE 作为 HarmonyOS 的主要开发工具。

DevEco Studio IDE 是华为基于 Intellij IDEA Community 开源版本打造的面向终端全场景多设备的一站式集成开发环境,为开发者提供从工程模板创建、代码开发、编译、调试、测试、发布到华为应用市场等端到端(E2E)的 HarmonyOS 应用开发服务。支持 Java、JavaScript、C/C++ 等多种开发语言,无论 Java 工程师还是前端开发者都可以很快适应,进行 HarmonyOS 应用开发。

1. 特点介绍

DevEco Studio IDE 具备融合 UX(用户体验)设计、分布式多端应用开发、分布式多端调测、多端模拟仿真、全方位质量保证、纯净安全等功能特性,同时支持多设备统一开发环境、FA(Feature Ability)和 PA(Particle Ability)快速开发、多设备模拟器和多设备预览器,开发者可以利用它更高效、快速地开发具备 HarmonyOS 分布式能力的应用,进而提升创新效率。下面对主要特点进行重点介绍。

1) 融合 UX 设计

DevEco Studio 打通了视觉设计与 UI 界面开发,支撑 UI 界面高效开发,确保界面实现与视觉设计的一致性。

2) 分布式多端应用开发

应用开发支持多端界面实时预览和分布式能力快速集成,实现应用多端运行和分布式协同。

3) 多端模拟仿真

DevEco Studio 提供智慧屏、智能穿戴等多终端设备的模拟仿真环境,支持多场景构造,提高代码调试和应用测试的效率。

4) 安全纯净

DevEco Studio 提供安全隐私、漏洞、恶意广告等自动检测服务,确保用户的应用使用体验。

5) 多设备预览器

DevEco Studio 提供 JavaScript 和 Java 预览器功能,可以实时查看应用的布局效果,支持实时预览和动态预览;同时还支持多设备同时预览,查看同一个布局文件在不同设备上的呈现效果。

2. 版本介绍

目前,DevEco Studio 官网发布了 DevEco Studio 2.1 Release 与 DevEco Studio 2.2 Beta1 两套版本,同时支持 Windows 64 位和 macOS 下载安装。其中,V2.1 Release 版本是最新的稳定版本,V2.2 Beta1 版本除包含 V2.1 Release 版本的所有功能外,还提供了包括低代码开发、远程真机等一些新特性供开发者尝鲜体验。

低代码开发功能:V2.2 Beta1 版本具有丰富的页面编辑功能,遵循 Harmony OS

JavaScript 开发规范,支持通过可视化布局编辑器构建界面,极大地降低了用户的上手成本并且减少了用户构建界面的成本。

远程真机功能:V2.2 Beta1 版本支持手机和可穿戴设备,开发者使用远程真机调试和运行应用时,同本地物理真机设备一样,需要对应用进行签名才能运行。

Release 版本意为面向开发者公开发布的正式版本,承诺 API(应用程序接口)稳定性;Beta 版本意为面向开发者公开发布的测试版本,不承诺 API 稳定性。若下载 Beta 版本,则需要注册并登录华为开发者账号。

如果已经安装 DevEco Studio,Windows 平台可以通过单击 Help→Check for Update 按钮来检查并更新最新版本;macOS 平台可以通过单击 DevEco Studio→Check for Updates 按钮来检查并更新最新版本。

3. 下载和安装

(1) 由于下载 DevEco Studio 2.2 Beta1 需要登录华为开发者账号,对于没有该账号的开发者而言,可以登录 HarmonyOS 应用开发门户单击"注册入口"按钮进行注册,也可以直接访问网址:https://id1.cloud.huawei.com/CAS/portal/userRegister/regbyemail.html。如图 4-7 所示为华为开发者账号的注册页面。

图 4-7 华为账号注册详情页

(2) 完成账号注册之后,即可进入 HUAWEI DevEco Studio 产品页下载 DevEco Studio 安装包,对应网址为:https://developer.harmonyos.com/cn/develop/deveco-studio。本书以 Windows 平台的安装为例,macOS 平台的安装与之类似,也可以参考官方文档。如图 4-8 所示为 DevEco Studio 2.2 Beta1 的下载页面。

鸿蒙应用基础

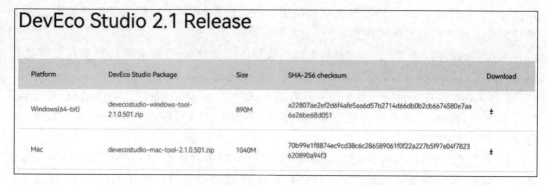

图 4-8   DevEco Studio 2.2 Beta1 下载页面

（3）下载完成之后双击安装文件 deveco-studio-x. x. x. x. exe 进入安装向导，如图 4-9 所示。

图 4-9   DevEco Studio 安装向导

（4）单击 Next 按钮，选择合适的安装路径进行安装，在如图 4-10 所示的安装选项界面勾选 Create Desktop Shortcut 下方的选项后继续单击 Next 按钮直至安装完成。

4. 环境配置

完成 DevEco Studio 开发工具的安装之后，还需要设置开发环境，对于绝大多数开发者来说，只需要下载组件 HarmonyOS SDK 即可；只有少部分开发者，如在企业内部访问 Internet 受限，需要通过代理进行访问的情况，须设置对应的代理服务器才能下载 HarmonyOS SDK。

首次使用 DevEco Studio，会自动弹出 HarmonyOS SDK 及对应工具链的下载提示，如图 4-11 所示。

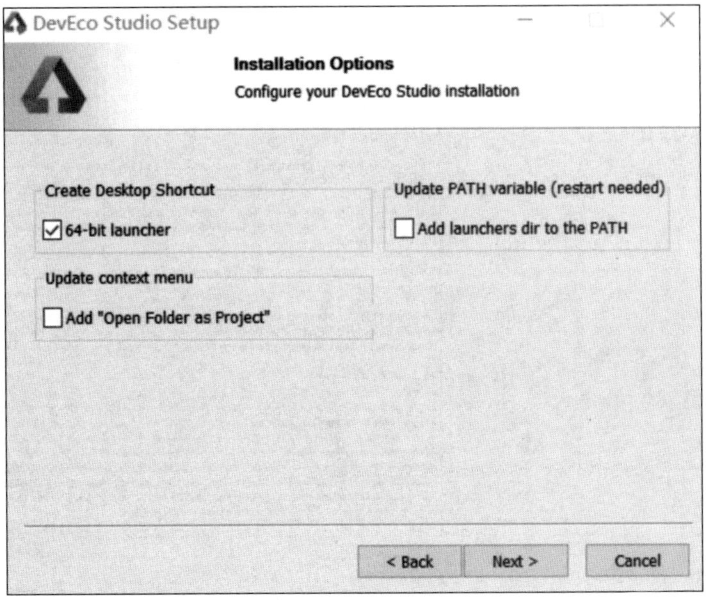

图 4-10　DevEco Studio 安装选项界面

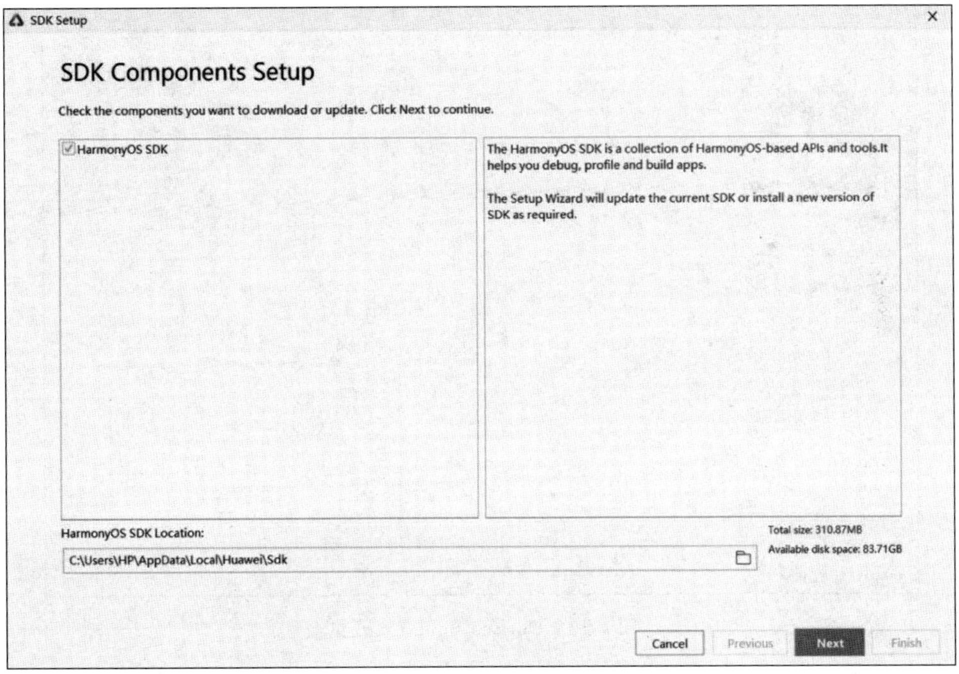

图 4-11　HarmonyOS SDK 下载提示

单击 Next 按钮会弹出 License Agreement 对话框,如图 4-12 所示,默认会下载最新版本的 Java SDK、Js SDK、Previewer SDK 和 Toolchains SDK,其中 Js SDK 需要提前安装好 Node.js 才可以成功下载。选中 Accept 单选按钮,单击 Next 按钮,开始下载 SDK。等待 HarmonyOS SDK 及工具下载完成,单击 Finish 按钮,界面会进入 DevEco Studio 欢迎页,如图 4-13 所示。

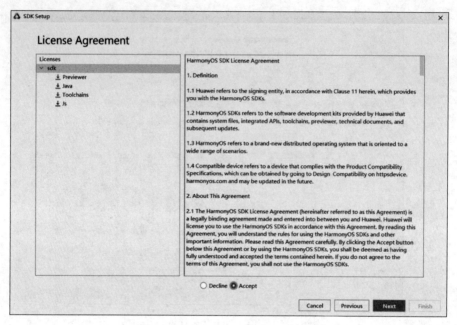

图 4-12　License Agreement 对话框

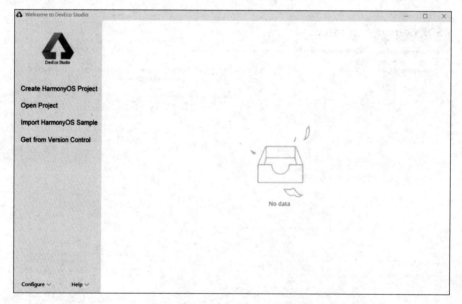

图 4-13　DevEco Studio 欢迎页

如果不是首次使用 DevEco Studio 或已经下载过 HarmonyOS SDK，当存在新版本的 SDK 时，可以通过 SDK Manager 来更新对应的 SDK。进入 SDK Manager 有如下两种方法。

1）未打开工程时

在 DevEco Studio 欢迎页，执行 Configure（或六边形的"设置"图标）→Settings→HarmonyOS SDK 命令进入 SDK Manager 界面（macOS 平台为执行 Configure→Preferences→HarmonyOS SDK 命令）。

2）打开工程时

在 DevEco Studio 打开工程的情况下，执行 Tools→SDK Manager 命令进入；或者执行 Files→ Settings → HarmonyOS SDK 命令进入（macOS 平台为执行 DevEco Studio→ Preferences→HarmonyOS SDK 命令）。

在 SDK Manager 中，勾选需要更新的 SDK，然后单击 Apply 按钮，然后在弹出的确认更新窗口单击 OK 按钮即可开始更新。如果想要安装默认（Java SDK、Js SDK、Previewer SDK 和 Toolchains SDK）之外的组件，也可以在 HarmonyOS SDK 界面进行操作，如图 4-14 所示。

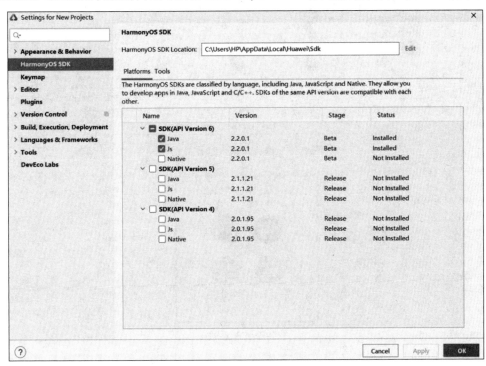

图 4-14　Harmony SDK 界面

4.1.3　创建应用

完成以上步骤之后，计算机已经具备了开发和运行 HarmonyOS 应用的基本工具和环境，此时可以通过运行 HelloWorld 工程来验证环境设置是否正确。以下将手机作为虚拟终端来演示创建工程以及在远程模拟器中运行该工程的一般步骤。

1. 工程创建与工程同步

（1）在 DevEco Studio 界面，单击 Create HarmonyOS Project 创建一个新工程，会自动弹出设备及模板选择界面，如图 4-15 所示。

此时，将光标悬停在模板图形上方时会自动显示该模板所支持的设备，如图 4-16 所示。

（2）本例使用 Java 作为演示语言，因而使用第二个模板 Empty Ability(Java)，之后单击 Next 按钮进入如图 4-17 所示的界面。Device Type 所对应的复选框即为对应的虚拟设备，此栏为必选项，可以选择一个或多个选项作为目标设备。本例以手机应用为例，因而只选择 Phone。单击 Finish 按钮即完成工程创建的初始化，将弹出如图 4-18 所示的界面。

第4章

鸿蒙应用基础

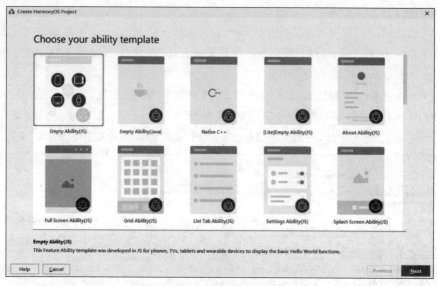

图 4-15   设备及模板选择界面

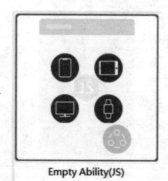

图 4-16   光标悬停时展示模板所支持的设备

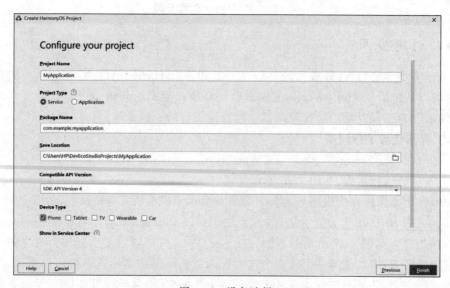

图 4-17   设备选择

图 4-18 完成工程创建

（3）工程创建完成后，DevEco Studio 会自动进行工程的构建。首次完成工程创建会自动下载 Gradle 工具。

Gradle 是一个项目自动化建构工具，其使用一种基于 Groovy 的特定领域语言来声明项目设置，抛弃了基于 XML 的各种烦琐配置，HarmonyOS 应用依赖 Gradle 进行构建，可以通过 build.gradle 来对工程编译构建参数进行设置，build.gradle 位于工程文件子目录 entry 下，如图 4-19 所示。

由于 Gradle 远程仓库在海外站点，国内开发者可能会出现下载缓慢甚至失败的情况，此时可以直接通过浏览器访问 Gradle 官网下载对应版本的 Gradle 工具，然后进行离线配置。离线配置可以通过路径 File→Settings→Build，Execution，Deployment→Build Tools→Gradle 进行，在 Gradle user home 导入 Gradle 的本地路径。

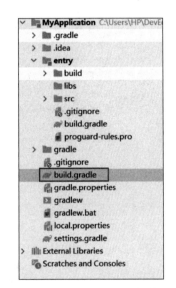

图 4-19 build.gradle 文件路径

单击底栏 Build 工具可以查看工程构建的详细日志，等待工程同步结束之后，日志栏提示 BUILD SUCCESSFUL 即表示工程同步成功，如图 4-20 所示。至此，即完成了 HarmonyOS 工程创建与工程同步的全部工作，同时也验证了 HarmonyOS 的环境配置没有问题。图 4-21 所示为 Gradle 工具离线配置方法。

2. 使用远程模拟器运行项目

DevEco Studio 提供远程模拟器和本地模拟器，目前本地模拟器功能尚在开发中，以下演示远程模拟器功能的使用。

（1）在 DevEco Studio 菜单栏执行 Tools→Device Manager 命令，进入如图 4-22 所示的窗口。

鸿蒙应用基础

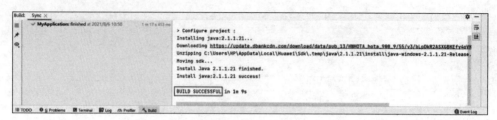

图 4-20　工程同步成功

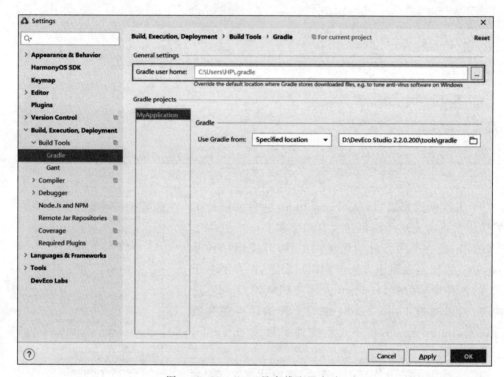

图 4-21　Gradle 工具离线配置方法

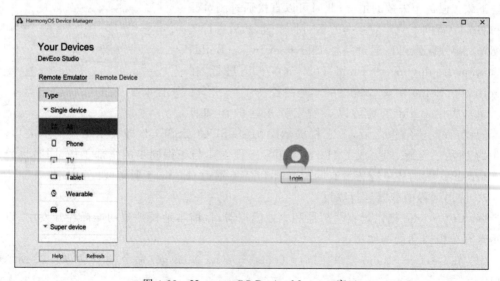

图 4-22　HarmonyOS Device Manager 窗口

（2）在 Remote Emulator 页签中单击 Login 按钮，在默认浏览器中弹出华为开发者联盟账号登录界面，输入华为开发者联盟账号的用户名和密码进行登录。登录后，如图 4-23 所示，单击界面的"允许"按钮进行授权，出现如图 4-24 所示界面即为授权成功。

图 4-23　登录授权

图 4-24　授权成功

鸿蒙应用基础

（3）使用远程模拟器功能需要进行实名认证，如果账号还未进行实名认证，登录之后会显示如图 4-25 所示的内容。单击 Go Authentication 按钮将弹出如图 4-26 所示的提示框，单击 here 默认浏览器自动弹出图 4-27 所示实名认证界面。

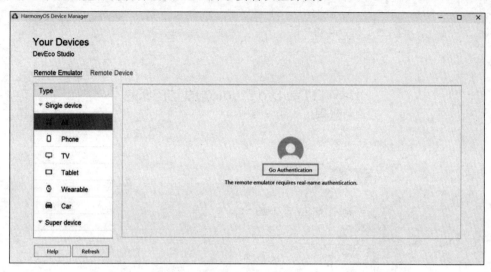

图 4-25　登录未实名认证的账号

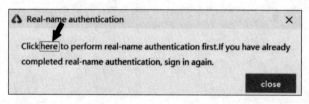

图 4-26　实名认证提示

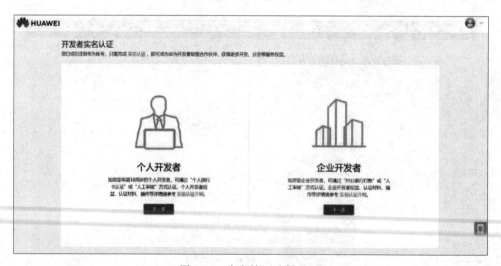

图 4-27　实名认证选择界面

　　根据需要选择认证类型，并按照提示内容完成认证即可，若出现如图 4-28 所示的内容则证明已成功认证。认证成功后需要进入账号设置中心进行认证同步，同步之后需在 DevEco Studio 中重新登录，随后即可使用远程模拟器功能。

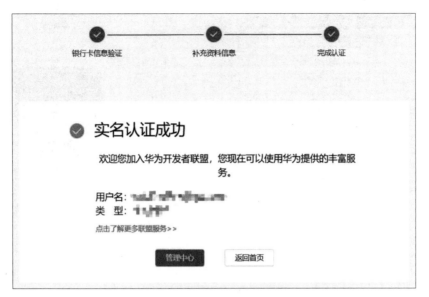

图 4-28　成功认证

（4）登录完成实名认证的开发者账号之后，Device Manager 的 Remote Emulator 页中会显示目前支持的虚拟终端类型，如图 4-29 所示。

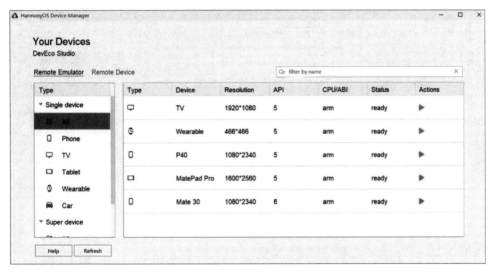

图 4-29　虚拟终端类型

（5）在设备列表中，选择 Phone 设备 P40，并单击 ▶ 按钮，运行模拟器。此时编辑界面的右侧会出现虚拟设备视图，底栏日志中会显示 Apply for remote device success，证明已成功应用远程模拟器，如图 4-30 所示。

（6）单击 DevEco Studio 工具栏中的"三角形"按钮运行工程，Windows 平台默认快捷键为 Shift＋F10，macOS 平台的快捷键为 Control＋R。DevEco Studio 会启动应用的编译构建，完成后应用即可运行在模拟器上。运行成功后在模拟器视图中展示运行结果，如图 4-31 所示。

第 4 章

鸿蒙应用基础

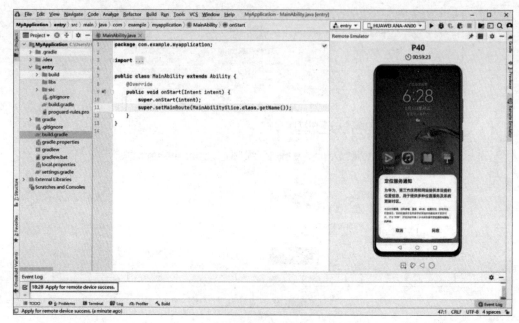

图 4-30　成功应用远程模拟器

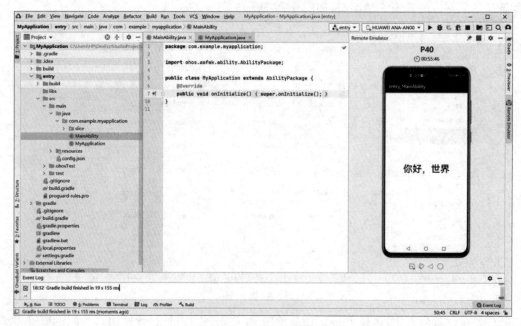

图 4-31　模拟器成功运行

4.2　HarmonyOS 应用开发基础

在前面的基础上，本节通过使用 Java 语言开发 HarmonyOS 应用为例，讲解 HarmonyOS 应用开发的基础知识。

4.2.1　Ability

　　Ability 是 HarmonyOS"元"能力的核心体现,这里将对 Abilty 进行详细、全面的阐释。

　　Ability 是应用所具备能力的抽象,也是应用程序的重要组成部分。一个应用可以具备多种能力(即可以包含多个 Ability),HarmonyOS 支持应用以 Ability 为单位进行部署。例如,一台智能电视可以具备影视观赏、体感游戏、多屏互动等多个功能,每一个功能即对应一个 Ability,这样的设计使终端设备可以根据自己的实际需要动态加载所需功能或服务,极大程度地提升了应用程序的利用率。

　　Ability 可以分为 FA(Feature Ability)和 PA(Particle Ability)两种类型,每种类型为开发者提供了不同的模板,以便实现不同的业务功能。

1. Feature Ability 模板与 AbilitySlice

　　FA 唯一支持的模板是 Page Ability,用于提供与用户交互的能力。一个 Page 实例可以包含一组相关页面,每个页面用一个 AbilitySlice 实例表示,AbilitySlice 是指应用的单个页面及其控制逻辑的总和。当一个 Page Ability 由多个 AbilitySlice 共同构成时,这些 AbilitySlice 页面提供的业务能力应具有高度相关性。

　　AbilitySlice 与 Page Ability 的关系好比"画纸"与"画板"的关系,初始的画板什么都没有,一片空白,我们可以找一张画纸在上面作画,画好之后将画纸夹到画板上,一个画板可以夹多张画纸,但画板的最上层只能有一张画纸。对应到一个具体的应用,"画板"对应整个应用的抽象,可以称为"主页面","画纸"即对应"子页面",一个主页面可以有多个子页面,不同子页面之间可以进行切换,但同一时间只有一个子页面存在于与用户进行交互的页面顶部。例如,一个游戏应用软件可以包含注册登录功能、游戏操作功能等,每一个功能都需要一个 Page Ability 来实现与用户的交互。而注册登录功能需要包含注册界面、登录界面,游戏操作功能可能包括角色选择界面、游戏场景界面等,这样的每一个界面即对应一个 AbilitySlice,同一时间,只能有一个功能的一个界面出现在屏幕上。

　　由于单个应用专注于某个方面的能力开发,在具体应用场景下,往往需要多个应用能力协同合作,当一个应用需要其他能力辅助时,会调用其他应用提供的能力。因此,不同 Page Ability 与 AbilitySlice 需要频繁地进行切换,这样的切换规则可以在项目的路由文件中进行配置。

2. Particle Ability 模板

　　PA 支持 Service Ability 和 Data Ability 两个模板,以下分别简称为 Service 和 Data。

　　Service 主要用于在后台运行文件下载等任务,不提供用户交互界面。使用时其他 Ability 可以通过调用 startAbility()创建 Service,也可以通过 connectAbility()连接 Service,此时即使用户切换到其他应用,Service 仍将在后台继续运行;用完后这些 Ability 可以通过调用 stopAbility()停止 Service,也可以通过 disconnectAbility()关闭 Service 连接。

　　需要注意的是,Service 是单实例的,在一个设备上,相同的 Service 只会存在一个实例。如果多个 Ability 共用这个实例,只有当与 Service 绑定的所有 Ability 都退出后,Service 才能够退出。由于 Service 是在主线程里执行的,因此,如果在 Service 里面的操作时间过长,开发者必须在 Service 里创建新的线程来处理,防止造成主线程阻塞,应用程序无响应。

Data 有助于应用管理其自身和其他应用存储数据的访问,并提供与其他应用共享数据的方法,既可用于同设备不同应用的数据共享,也支持跨设备不同应用的数据共享,并且数据的存放形式多样,可以是数据库,也可以是磁盘上的文件。Data 对外提供对数据的增、删、改、查,以及打开文件等接口,这些接口的具体实现由开发者提供。

不难看出,FA 与 PA 分别对应一个应用项目的前后端,在理论部分 8.4.4 节应用层部分曾介绍,"FA 有 UI 界面,提供与用户交互的能力;而 PA 无 UI 界面,提供后台运行任务的能力以及统一的数据访问抽象",上述的开发模板也恰好与这样的特性对应。

4.2.2 应用包结构

HarmonyOS 应用以 App Pack(Application Package)形态发布,它由一个或多个 HAP (HarmonyOS Ability Package)以及描述 App Pack 属性的 pack.info 文件组成。

HarmonyOS 应用代码围绕 Ability 组件展开,HAP 即 Ability 的部署包,由代码、资源、第三方库及应用配置文件组成,可以分为 Entry 和 Feature 两种类型。Entry 为应用的主模块。在一个 App 中,对于同一个设备类型必须有且只有一个 Entry 类型的 HAP,可独立安装运行。Feature 是应用的动态特性模块。一个 App 可以包含一个或多个 Feature 类型的 HAP,也可以不含。部分 Feature 类型的 HAP 可以不含 Ability,这部分 HAP 不能够独立运行。

如图 4-32 所示为应用包结构的整体示意图,其中 libs 表示第三方依赖库,config.json 为应用配置文件。

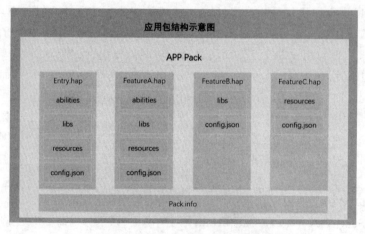

图 4-32　应用包结构的整体示意图

使用 Java 语言开发的 HarmonyOS 应用项目结构如图 4-33 所示,主要包括 MyApplication 和 External Libraries 两个文件夹,分别对应项目的工程文件和工程所依赖的第三方资源。

下面介绍其中的主要文件。

1. External Libraries

External Libraries 由 DevEco Studio 在创建项目时自动集成,内含 HarmonyOS SDK、Java JDK 以及项目构建工具 Gradle,通常在应用开发过程中开发者不会对这些文件进行操作,因而只需要简单了解。

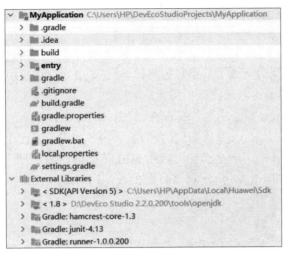

图 4-33　HarmonyOS 应用项目结构

2．MyApplication

MyApplication 是在创建项目时 DevEco Studio 的默认命名,在开发过程中可以根据实际情况自定义命名,其中共包含多个子文件。

3．gradle 和 gradle 文件夹

gradle 和 gradle 文件夹以及根目录下的其他单个文件与 Gradle 的配置文件以及相关的依赖有关,由系统自动生成,一般情况下不需要进行修改。如图 4-34 所示,.gradle 的子文件夹名称 6.3 标识了 Gradle 的版本号。

4．.idea

.idea 内含开发工具,即 DevEco Studio 的具体信息,其目录结构如图 4-35 所示。

5．build

build 用来存放最终编译完成后的 hap 包,这个 hap 包中包含了项目中用到的代码、资源、第三方库以及应用配置文件等。其目录结构如图 4-36 所示。

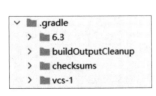

图 4-34　.gradle 目录结构

图 4-35　.idea 目录结构

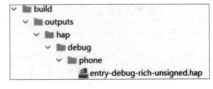

图 4-36　build 目录结构

6．entry

entry 是默认启动主模块,开发者用于编写源码文件以及开发资源文件的目录,是应用开发过程中主要用到的文件,其目录结构如图 4-37 所示。

1）libs

libs 用于存放 entry 模块的依赖文件,与自动集成的依赖不同,这部分依赖文件通常需

113

第4章

鸿蒙应用基础

要开发者根据实际需要手动导入。

2）src

src 用于存放开发过程中的所有代码,其包含 main、ohosTest、test 三个子文件夹。
ohosTest 中存放使用华为测试工具编写的测试类,test 中则存放使用 junit 这个测试工具编写的测试类,二者都与编写测试代码相关。

src 目录下的 main 是一个重要的文件夹,其中又包含着以下 3 个文件。

（1）main→java 存放 Java 源码,开发者的绝大多数代码位于这个文件夹中。

（2）main→resources 用于存放应用所用到的资源文件,如图形、多媒体、字符串、布局文件等。其目录结构如图 4-38 所示。该目录的 base 目录下,按资源用途又分为多个文件夹资源。

图 4-37　entry 目录结构

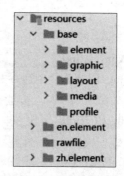

图 4-38　resources 目录结构

① element：表示元素资源。该文件夹下主要存放 JSON 格式的文件,主要用来表示字符串、颜色值、布尔值等,可以在其他地方被引用。

② graphic：表示可绘制资源。用 XML 文件来表示,例如项目中设置的圆角按钮、按钮颜色等都是通过引用这里的资源来统一管理的。

③ layout：表示布局资源。用 XML 文件来表示,页面的布局资源等都存放在这里。

④ media：表示媒体资源。包括图片、音频、视频等非文本格式的文件。

（3）main＞config.json 是 HAP 包的应用配置文件,如图 4-39 所示,该文件中主要包含了 App、deviceConfig 和 module 三部分。

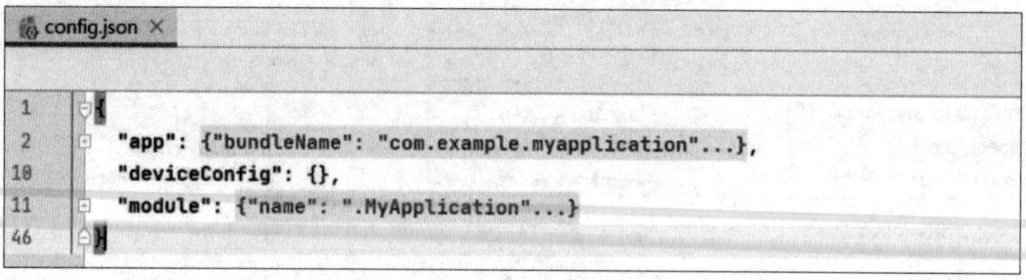

```
config.json ×

1      {
2          "app": {"bundleName": "com.example.myapplication"...},
10         "deviceConfig": {},
11         "module": {"name": ".MyApplication"...}
46     }
```

图 4-39　config.json 的内部结构

① App 对象表示应用的全局配置信息,该部分包括应用的包名(bundleName 属性)、厂商(vendor 属性)以及版本号(version 属性)等,同一个应用的不同 HAP 包的 App 配置必须保持一致。

② deviceConfig 对象表示应用在具体设备上的配置信息,包含 default、phone、tablet、tv、car、wearable、liteWearable 和 smartVision 等属性。default 标签内的配置适用于所有设备,其他设备类型如果有特殊的需求,则需要在该设备类型的标签下进行配置。

③ module 对象表示 HAP 包的配置信息,该标签下的配置只对当前 HAP 包生效,包含 HAP 的类名(name 属性)、HAP 的包结构名称(package 属性)以及 HAP 包的入口 ability 名称(mainAbility 属性)等。

需要注意的是,配置文件中的属性不分先后顺序,且每个属性只能出现一次。

4.2.3 常见事件

事件、组件和布局是应用开发过程中最常出现的三部分内容,下面在前面的基础上来分别介绍常见的事件、组件和布局。

首先是事件,事件即可以被文本、按钮、图片等组件所识别的操作。

常见的事件包括单击、双击、长按与滑动。事件通过对应的组件绑定监听器,监听器中包含响应操作。HarmonyOS 预先为每一种事件设置了监听器类的接口,通过绑定接口可以将本类作为参数传入。以下为四种事件类型的代码示例:

```
1. //单击事件
2. component. setClickedListener(this);
3. public void onClick(Component component){
4. //响应操作,component 为被单击的组件
5. }
```

```
1. //双击事件
2. component. setDoubleClickedListener(this);
3. public void onDoubleClick(Component component){
4. //响应操作,component 为被双击的组件
5. }
```

```
1. //长按事件
2. component. setLongClickedListener(this);
3. public void onLongClicked(Component component){
4. //响应操作,component 为被长按的组件
5. }
```

```
1. //滑动事件
2. component. setTouchEventListener(this);
3. public boolean onTouchEvent (Component component,TouchEvent touchEvent){
4. //component 为被单击的组件,通常为一个布局类组件,布局也是特殊的组件
5. //touchEvent == 1 表示按下操作
6. //touchEvent == 2 表示松开操作
7. //touchEvent == 3 表示移动操作
8. //touchEvent.getPointerPosition()可以获取当前触点的坐标值,通过单击和松开时触点的位置
   变化可以判断滑动方向
9. }
```

鸿蒙应用基础

4.2.4 组件初识

在界面中显示出来的元素统称为组件,组件需要按照一定的层级结构组合形成布局,未被添加到布局中的组件既无法显示也无法交互。

1. 组件分类

通常组件可以分为三种类型,分别为显示类、交互类和布局类。所有组件的基类为 Component。

显示类组件提供单纯的内容显示功能,常见的显示类包括用于显示文字的组件 Text、用于显示图片的组件 Image 等。

交互类组件提供具体场景与用户交互响应的功能,包括单击响应组件 Button、单选框组件 RadioButton、文本输入组件 TextField 等。

值得注意的是,交互类组件本身也可以显示不同的内容,而显示类组件也可以通过添加事件处理回调实现与用户进行交互。即不只有交互组件能够进行交互,也不只有显示组件能够进行显示。

布局类组件又称为组件容器,布局类组件中可以放置显示类和交互类的组件,也可以嵌套其他布局类组件,所有这些组件的组合最终形成一个完整的布局。布局类组件通常以 XXLayout 的形式命名,常见的布局组件包括单一方向排列组件 DirectionalLayout、相对位置排列组件 DependentLayout、绝对位置排列组件 PositionLayout 等。

2. 布局创建及组件书写方法

HarmonyOS 提供了两种创建布局的方法,一种类似于 Java 语言,导入相应包,之后通过代码创建布局,在布局中添加组件,同时通过一系列 set 方法设置属性;另一种则是在 resources→base→layout 的 XML 文件中通过标签创建布局和组件,通过键值对的方法给属性设置具体的值,这种写法同 CSS 语言相似。相较而言,在 HarmonyOS 程序中,使用 XML 文件的方式更为简便。

使用 Java 代码创建布局的示例代码如下:

```
1. // 声明布局
2. DirectionalLayout directionalLayout = new DirectionalLayout(getContext());
3. // 设置布局大小
4. directionalLayout.setWidth(ComponentContainer.LayoutConfig.MATCH_PARENT);
5. directionalLayout.setHeight(ComponentContainer.LayoutConfig.MATCH_PARENT);
6. // 设置布局属性
7. directionalLayout.setOrientation(Component.VERTICAL);  //设置排列方向
8. directionalLayout.setPadding(32, 32, 32, 32);  //设置内边距
9.
10. //新建 Text 组件
11. Text text = new Text(getContext());
12. //设置 Text 基础属性
13. text.setText("My name is Text.");
14. text.setTextSize(50);
15. text.setId(100);
16. //为组件添加对应布局的布局属性
```

```
17.  DirectionalLayout. LayoutConfig layoutConfig = new DirectionalLayout. LayoutConfig
     (ComponentContainer. LayoutConfig. MATCH _ CONTENT, ComponentContainer. LayoutConfig.
     MATCH_CONTENT);
18.  layoutConfig.alignment = LayoutAlignment.HORIZONTAL_CENTER;
19.  text.setLayoutConfig(layoutConfig);
20.
21.  //将 Text 添加到布局中
22.  directionalLayout.addComponent(text);
```

使用 XML 文件的示例代码如下：

```
1.  //XML 文件中创建布局与组件,同时设置相关属性
2.  < xml version = "1.0" encoding = "utf - 8" >
3.  < DirectionalLayout
4.     xmlns:ohos = "http://schemas. huawei. com/res/ohos"
5.     ohos:width = "match_parent"
6.     ohos:height = "match_parent"
7.     ohos:orientation = "vertical"
8.     ohos:padding = "32">
9.     < Button
10.        ohos:id = " $ + id:button"
11.        ohos:margin = "50"
12.        ohos:width = "match_content"
13.        ohos:height = "match_content"
14.        ohos:layout_alignment = "horizontal_center"
15.        ohos:text = "My name is Button."
16.        ohos:text_size = "50"/>
17. </DirectionalLayout >
18.
19. //在 Java 文件中加载 XML 布局
20.  super. setUIContent(ResourceTable. Layout_first_layout); // 加载 XML 布局作为根布局
21.  Button button = (Button) findComponentById(ResourceTable. Id_button); // 加载组件
```

3. 常见的通用属性及相关性质

组件通过形式多样的属性进行外观和功能控制,部分属性是绝大多数组件都具有的,称
为通用属性,例如 id、height、width、background_element 等,以下对几种常见属性及其取值
进行介绍。

1) 属性 id 及元素的引用方法

id 用于唯一标识一个组件的命名,其通常的写法是：

ohos:id = " $ + id:uniqueName "

其中,ohos 为 Open HarmonyOS 的缩写,在使用 DevEco Studio 编辑组件属性时软件会自
动补齐"ohos"这部分内容；uniqueName 即为目标组件的唯一标识,其可以由大小写英文字
母、数字、下画线组成。

当需要引用某个组件时,可用 id 来唯一确定地找到组件,示例代码如下：

component = findComponentById(ResourceTable. Id_uniqueName)

2) 属性 height 与 width 及像素单位

height 与 width 用于设置组件的高度和宽度,其可以通过设置具体像素值来标定大小,

鸿蒙应用基础

也可以使用 match_content(自动匹配内容大小)和 match_parent(自动适应父元素大小)等设定值来标定大小。

像素大小的单位通常有三种,分别为 px、vp、fp。px 表示绝对像素值,vp 与安卓中的 dp 类似,都是相对像素大小,或称虚拟像素大小,根据屏幕的分辨率可以计算 vp 与 px 的换算率,计算公式为:

$$vp = (px * 160)/PPI$$

其中,PPI 称为屏幕密度,表示每英寸中所含的像素点数量,如表 4-1 所示列出了常见屏幕分辨率对应的近似 PPI 大小。fp 的大小换算与 vp 相同,通常用于表征字体的大小。

表 4-1　常见屏幕分辨率对应 PPI 大小

常见分辨率	PPI	vp 与 px 换算
240×320	120	1vp=0.75px
320×480	160	1vp=1px
480×480	240	1vp=1.5px
720×1280	320	1vp=2px
1920×1080	480	1vp=3px

3) 属性 background_element 及颜色表示

background_element 用于设置组件的背景,可以直接使用某一个颜色值设置纯色背景;也可以引用 XML 文件设置更多复杂的特性,例如引用图片作为背景、设置背景边框弧度等,颜色的设置也可以放在 XML 文件中。示例代码如下:

```
1. //绑定 graphic 目录下的 new_element.xml 文件
2. ohos:background_element = " $ graphic:new_element"
3.
4. //new_element.xml 文件示例
5. < xml version = "1.0" encoding = "utf - 8" >
6. < shape xmlns:ohos = "http://schemas. huawei.com/res/ohos"
7.     ohos:shape = "rectangle">
8.     < corners
9.         ohos:radius = "100"/>//设置边角弧度
10.    < solid
11.        ohos:color = "#007CFD"/>//设置颜色为蓝色
12. </shape >
```

颜色值还对应十六进制表示方法。例如,想要表示某一种灰色,其十进制表示为"(119,132,149)",它的十六进制表示即为"#778495"。当十六进制表示的形式为"#aabbcc"时,这种颜色可以简写为"#abc";当颜色值没有写全时,例如"#abcd",系统默认空缺位在前且为 0,即补位成为"#00abcd"。

此外,十六进制的颜色值表示还可以设置透明度,当希望某一种颜色呈现某一种程度的透明时,可以在颜色值前面增加 00~FF 之间的两位数,数值越小,透明程度越大。即表示为"#00abcdef"(全透明)、"#FFabcdef"(不透明)等的形式,默认前两位为 FF。

DevEco Studio 在编码时提供颜色样例的功能,如图 4-40 所示。

除了以上的几种属性,组件支持的 XML 通用属性还包括可用性、可见性、边距等属性,

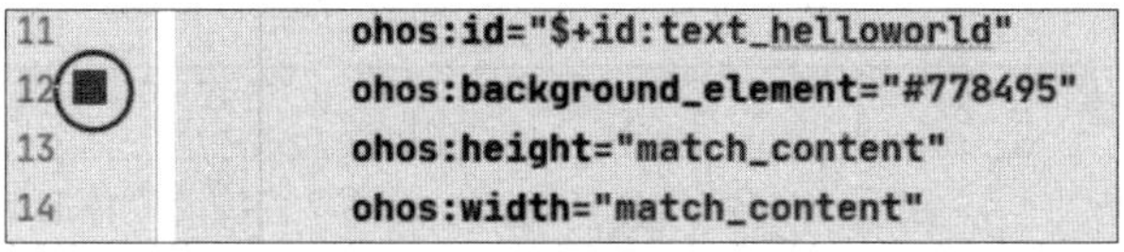

```
11   ohos:id="$+id:text_helloworld"
12 ◉ ohos:background_element="#778495"
13   ohos:height="match_content"
14   ohos:width="match_content"
```

图 4-40 颜色样例功能

详细内容可以在需要时登录官方网址[①]进一步学习。

4.2.5 常见显示类与交互类组件

1. 文本组件 Text

Text 是用来显示字符串的组件,在界面上显示为一块文本区域。除了继承父类 Component 的全部属性之外,Text 自带控制字体颜色、粗细等的属性,如表 4-2 所示为常见 Text 私有属性。

表 4-2 常见 Text 私有属性

属性名称	含义	取值	取值说明
text	显示文本	string 类型	可以直接设置文本字串; 也可以引用 string 资源
truncation_mode	长文本截断方式	none	表示文本超长时无截断
		ellipsis_at_start	表示文本超长时在文本框起始处使用省略号截断
		ellipsis_at_middle	表示文本超长时在文本框中间位置使用省略号截断
		ellipsis_at_end	表示文本超长时在文本框结尾处使用省略号截断
		auto_scrolling	表示文本超长时滚动显示全部文本
text_size	文本大小	float 类型	可以是浮点数值,其默认单位为 px; 也可以是带 px/vp/fp 单位的浮点数值; 也可以引用 float 资源
text_color	文本颜色	color 类型	可以直接设置色值; 也可以引用 color 资源
selection_color	选中文本颜色	color 类型	可以直接设置色值; 也可以引用 color 资源
text_alignment	文本对齐方式	left	表示文本靠左对齐
		top	表示文本靠顶部对齐
		right	表示文本靠右对齐
		bottom	表示文本靠底部对齐
		horizontal_center	表示文本水平居中对齐
		vertical_center	表示文本垂直居中对齐
		center	表示文本居中对齐
		start	表示文本靠起始端对齐
		end	表示文本靠结尾端对齐

① https://developer.harmonyos.com/cn/docs/documentation/doc-guides/ui-java-component-common-xml-0000001138483639

119

第4章

鸿蒙应用基础

属 性 名 称	含　　义	取　　值	取 值 说 明
max _ text _lines	文本最大行数	integer 类型	可以直接设置整型数值；也可以引用 integer 资源
multiple_lines	多行模式设置	boolean 类型	可以直接设置 true/false；也可以引用 boolean 资源
auto_font_size	是否支持文本自动调整文本字体大小	boolean 类型	可以直接设置 true/false；也可以引用 boolean 资源
scrollable	文本是否可滚动	boolean 类型	可以直接设置 true/false；也可以引用 boolean 资源
italic	文本是否为斜体字体	boolean 类型	可以直接设置 true/false；也可以引用 boolean 资源
line _ height _num	行间距倍数	float 类型	可以直接设置浮点数值；也可以引用 float 资源

其中，引用资源的形式为"$ 资源类名：资源名"，部分示例代码如下：

```
1. //text 属性引用 string 资源类中的"test_str"资源
2. ohos:text = " $ string:test_str"
3.
4. //text_size 属性引用 float 资源类中的"size_value"资源
5. ohos:text_size = " $ float:size_value"
6.
7. //text_color 属性引用 color 资源类中的"black"资源
8. ohos:text_color = " $ color:black"
9.
10. //italic 属性引用 boolean 资源类中的"true"资源
11. ohos:italic = " $ boolean:true"
```

2. 图片组件 Image

Image 即用来显示图片的组件，其私有属性如表 4-3 所示。

表 4-3　常见 Image 私有属性

属 性 名 称	含　　义	取　　值	取 值 说 明
clip_alignment	图像裁剪对齐方式	left	表示按左对齐裁剪
		right	表示按右对齐裁剪
		top	表示按顶部对齐裁剪
		bottom	表示按底部对齐裁剪
		center	表示按居中对齐裁剪
image_src	图像	Element 类型	可直接配置色值，也可引用 color 资源或引用 media/graphic 下的图片资源

属 性 名 称	含 义	取 值	取 值 说 明
scale_mode	图像缩放类型	zoom_center	表示原图按照比例缩放到与 Image 最窄边一致,并居中显示
		zoom_start	表示原图按照比例缩放到与 Image 最窄边一致,并靠起始端显示
		zoom_end	表示原图按照比例缩放到与 Image 最窄边一致,并靠结束端显示
		stretch	表示将原图缩放到与 Image 大小一致
		center	表示不缩放,按 Image 大小显示原图中间部分
		inside	表示将原图按比例缩放到与 Image 相同或更小的尺寸,并居中显示
		clip_center	表示将原图按比例缩放到与 Image 相同或更大的尺寸,并居中显示

以下示例代码为引用 media/graphic 下的图片资源。

```
1. ohos:image_src = "$media:icon"
2.
3. ohos:image_src = "$graphic:graphic_src"
```

media 和 graphic 中的资源可以自行添加,将 icon 和 graphic_src 直接替换为对应的文件名即可。

3. 弹框组件 CommonDialog

弹框组件通常在用户满足某种使用条件的情况下弹出,如单击按钮、打开列表等,用于提示用户某些信息,或者让用户作出某类选择。

CommonDialog 所提供的弹框组件可以分为三部分,由上到下依次为弹框标题栏、具体信息栏和按钮选择栏,如图 4-41 所示。

图 4-41　CommonDialog 结构示意图

默认模式下按钮选择栏的按钮最多为三个,如果需要添加更多的按钮需要自定义弹框内的布局。如果不对某一栏进行设置,则这一栏不会显示。以下为代码演示:

```
1. //新建对象
2. CommonDialog cd = new CommonDialog(this);
3. //设置标题
```

```
 4. cd.setTitleText("弹框标题");
 5. //设置信息内容
 6. cd.setContentText("具体信息");
 7. //设置弹框可以自动关闭
 8. cd.setAutoClosable(true);
 9.
10. //设置按钮
11. //参数一:按钮的索引 0 1 2
12. //参数二:按钮上的文字
13. //参数三:按钮单击响应
14. cd.setButton(0, "返回", new IDialog.ClickedListener() {
15.         public void onClick(IDialog iDialog, int i) {
16.             cd.destroy(); //单击按钮关闭弹框
17.         }
18. });
19.
20. cd.setButton(1, "设置", new IDialog.ClickedListener() {
21.         public void onClick(IDialog iDialog, int i) {
22.             //设置界面跳转
23.         }
24. });
25.
26. cd.setButton(2, "确定", new IDialog.ClickedListener() {
27.         public void onClick(IDialog iDialog, int i) {
28.             //下一步事件
29.         }
30. });
31.
32. //弹框默认隐藏,把弹框显示出来
33. cd.show();
```

以上代码自定义的弹框布局如图 4-42 所示。

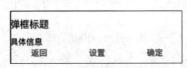

图 4-42　代码对应的弹框布局

4. 按钮组件 Button

Button 可以通过单击触发对应的操作,通常由文本或图标组成,也可以由图标和文本共同组成。其继承自 Text 组件,没有自有属性。常见属性设置如下:

```
1. < Button
2.     ohos:id = " $ + id:button"
3.     ohos:width = "match_content"
4.     ohos:height = "match_content"
5.     ohos:text_size = "27fp"
6.     ohos:text = "button"
7.     ohos:background_element = " $ graphic:background_button"      //引用 graphic 目录下的
   background_button.xml 资源
8.     ohos:left_margin = "15vp"
```

```
 9.      ohos:bottom_margin = "15vp"
10.      ohos:right_padding = "8vp"
11.      ohos:left_padding = "8vp"
12.      ohos:element_left = " $ media:ic_btn_reload"
13. />
```

在 background_button.xml 中可以设置按钮的形状、颜色等背景属性,如下为几种常见的按钮形式。

```
 1. < xml version = "1.0" encoding = "utf - 8" >
 2. < shape xmlns:ohos = "http://schemas.huawei.com/res/ohos"
 3.      ohos:shape = "rectangle"> //普通形状按钮
 4.      < solid
 5.          ohos:color = "♯007CFD"/>   //背景颜色为蓝色
 6. </shape >
 7.
 8. < xml version = "1.0" encoding = "utf - 8" >
 9. <?shape xmlns:ohos = "http://schemas.huawei.com/res/ohos"
10.      ohos:shape = "oval"?> //椭圆形状按钮
11.      < solid
12.          ohos:color = "♯007CFD"/>
13. </shape >
14.
15. < ?xml version = "1.0" encoding = "utf - 8" ?>
16. < shape xmlns:ohos = "http://schemas.huawei.com/res/ohos"
17.      ohos:shape = "rectangle">   //胶囊形状按钮
18.      < corners
19.          ohos:radius = "100"/> //边缘弧度为100
20.      < solid
21.          ohos:color = "♯007CFD"/>
22. </shape >
```

5. 文本输入框组件 TextField

TextField 同样继承自 Text 组件,除了拥有 Text 的全部属性之外,其具有一个表征输入框基线的 Element 类型的属性 basement,可以直接对其设置颜色,也可以引用 media/graphic 下的图片资源。

示例代码如下:

```
 1. < TextField
 2.      ohos:background_element = "♯FFFFFF"
 3.      ohos:width = "150vp"
 4.      ohos:height = "35vp"
 5.      ohos:auto_font_size = "true"
 6.      ohos:basement = "♯000099" //设置基线颜色为深蓝色
 7.      ohos:text_alignment = "center"
 8.      ohos:layout_alignment = "horizontal_center"
 9.      ohos:hint_color = "♯999999"
10.      ohos:hint = "请输入姓名"
11.      ohos:id = "$ + id:text"
12.  />
```

如图 4-43 所示为代码对应图例。

在 Java 代码中，可以通过 textField 的 getText()方法获取输入框中的内容。

请输入姓名

图 4-43　输入框示例

6. 单选组件 RadioButton 和 RadioContainer

RadioButton 为单选选项组件，RadioContainer 为单选容器组件，二者搭配可以实现多选项限定只能选择一项的操作。

其中，RadioButton 继承自 Text 属性，除具有 Text 的全部属性之外，还具有如表 4-4 所示的自有属性；RadioContainer 继承自 DirectionalLayout 组件，除具有 DirectionalLayout 的属性外，没有其他自有属性。

表 4-4　RadioButton 的自有属性

属 性 名 称	含　义	取　　值	取 值 说 明
marked	当前状态（选中或未选中）	boolean 类型	可直接设置为 true/false，也可以引用 Boolean 资源。为 true 则表示当前状态为选中，为 false 则表示当前状态为未选中
text_color_on	处于选中状态的文本颜色	color 类型	可以直接设置色值，也可以引用 color 资源
text_color_off	处于未选中状态的文本颜色	color 类型	可以直接设置色值，也可以引用 color 资源
check_element	状态标志样式	Element 类型	可以直接设置色值，也可以引用 color 资源或引用 media/graphic 的图片资源

如下为单选性别的示例代码：

```
1. < RadioContainer
2.     ohos:id = " $ + id:rc"
3.     ohos:height = "match_content"
4.     ohos:width = "match_content"
5.     ohos:orientation = "horizontal">
6.
7.     < RadioButton
8.       ohos:id = " $ + id:boy"
9.       ohos:height = "match_content"
10.      ohos:width = "match_content"
11.      ohos:text = "男"
12.      ohos:text_size = "22fp"
13.      ohos:text_alignment = "center"
14.      ohos:text_color_on = " #0000FF"
15.      ohos:text_color_off = " #000000"
16.      ohos:marked = "false"
17.      ohos:background_element = " #778495"
18.      ohos:left_margin = "15vp"/>
19.        />
20.    < RadioButton
21.      ohos:id = " $ + id:girl"
22.      ohos:height = "match_content"
23.      ohos:width = "match_content"
24.      ohos:text = "女"
25.      ohos:text_size = "22fp"
```

```
26.        ohos:text_alignment = "center"
27.        ohos:text_color_on = "#0000FF"
28.        ohos:text_color_off = "#000000"
29.        ohos:marked = "false"
30.        ohos:background_element = "#778495"
31.        ohos:left_margin = "20vp"
32.        ohos:right_margin = "34vp"/>
33.   </RadioContainer>
```

在 Java 代码中,可以通过 radioContainer 的 getChildCount()方法获取被选择的选项序号,返回值为整型 int。

7. 多选框组件 Checkbox

Checkbox 用于多选多的情景,其继承自 Text 组件,其自有属性与 RadioButton 相同,如表 4-4 所示。

Checkbox 的监听器 CheckedStateChangedListener()可以返回两个参数,一个为表征组件和选择状态。当参数 state 为 1 时表示已选择,为 0 时表示未选择。

4.2.6 常见布局组件

HarmonyOS 提 供 了 DirectionalLayout、DependentLayout、PositionLayout、StackLayout、TableLayout、AdaptiveBoxLayout 等多个布局模板组件,多种布局组件可以互为父子组件,通过相互组合,可以实现更加丰富的布局方式。有关布局组件的详细内容,可以登录网址 https://developer. harmonyos. com/cn/docs/documentation/doc-guides/ui-java-layout-directionallayout-0000001050769565 进行学习。

1. 单一方向排列布局 DirectionalLayout

DirectionalLayout 用于将一组组件按照水平或者垂直方向排布,能够方便地对齐布局内的组件。DirectionalLayout 继承自所有组件的父类 Component,其具有如表 4-5 所示的自有属性。

表 4-5　DirectionalLayout 的自有属性

属 性 名 称	含　义	取　值	取 值 说 明
alignment	对齐方式	left	表示左对齐
		top	表示顶部对齐
		right	表示右对齐
		bottom	表示底部对齐
		horizontal_center	表示水平居中对齐
		vertical_center	表示垂直居中对齐
		center	表示居中对齐
		start	表示靠起始端对齐
		end	表示靠结束端对齐
orientation	子布局排列方向	horizontal	表示水平方向布局
		vertical	表示垂直方向布局
total_weight	所有子视图的权重之和	float 类型	可以直接设置浮点数值,也可以引用 float 浮点数资源

同时,DirectionalLayout 所包含的组件也支持一些专有的 XML 属性,如表 4-6 所示。

表 4-6 DirectionalLayout 所包含组件的特有属性

属 性 名 称	含　义	取　　值	取 值 说 明
layout_alignment	对齐方式	left	表示左对齐
		top	表示顶部对齐
		right	表示右对齐
		bottom	表示底部对齐
		horizontal_center	表示水平居中对齐
		vertical_center	表示垂直居中对齐
		center	表示居中对齐
weight	比重	float 类型	可以直接设置浮点数值,也可以引用 float 浮点数资源。

2. 依赖布局组件 DependentLayout

依赖布局组件 DependentLayout 又称为相对位置布局组件,与 DirectionalLayout 相比,其拥有更多的排布方式,每个组件可以指定相对于其他同级元素的位置,或者指定相对于父组件的位置。表 4-7 所示为 DependentLayout 的自有属性。

表 4-7 DependentLayout 的自有属性

属 性 名 称	含　义	取　　值	取 值 说 明
alignment	对齐方式	left	表示左对齐
		top	表示顶部对齐
		right	表示右对齐
		bottom	表示底部对齐
		horizontal_center	表示水平居中对齐
		vertical_center	表示垂直居中对齐
		center	表示居中对齐

DependentLayout 所包含的组件拥有更为丰富的特有属性,如表 4-8 所示。

表 4-8 DependentLayout 所包含组件的特有属性

属 性 名 称	含　义	取　　值	取 值 说 明
left_of	将右边缘与另一个子组件的左边缘对齐	引用	仅可引用 DependentLayout 中包含的其他组件的 id
right_of	将左边缘与另一个子组件的右边缘对齐	引用	仅可引用 DependentLayout 中包含的其他组件的 id
start_of	将结束边与另一个子组件的起始边对齐	引用	仅可引用 DependentLayout 中包含的其他组件的 id
end_of	将起始边与另一个子组件的结束边对齐	引用	仅可引用 DependentLayout 中包含的其他组件的 id
above	将下边缘与另一个子组件的上边缘对齐	引用	仅可引用 DependentLayout 中包含的其他组件的 id
below	将上边缘与另一个子组件的下边缘对齐	引用	仅可引用 DependentLayout 中包含的其他组件的 id

属性名称	含义	取值	取值说明
align_baseline	将子组件的基线与另一个子组件的基线对齐	引用	仅可引用 DependentLayout 中包含的其他组件的 id
align_left	将左边缘与另一个子组件的左边缘对齐	引用	仅可引用 DependentLayout 中包含的其他组件的 id
align_top	将上边缘与另一个子组件的上边缘对齐	引用	仅可引用 DependentLayout 中包含的其他组件的 id
align_right	将右边缘与另一个子组件的右边缘对齐	引用	仅可引用 DependentLayout 中包含的其他组件的 id
align_bottom	将底边与另一个子组件的底边对齐	引用	仅可引用 DependentLayout 中包含的其他组件的 id
align_start	将起始边与另一个子组件的起始边对齐	引用	仅可引用 DependentLayout 中包含的其他组件的 id
align_end	将结束边与另一个子组件的结束边对齐	引用	仅可引用 DependentLayout 中包含的其他组件的 id
align_parent_left	将左边缘与父组件的左边缘对齐	boolean 类型	可以直接设置为 true/false,也可以引用 boolean 资源
align_parent_top	将上边缘与父组件的上边缘对齐	boolean 类型	可以直接设置为 true/false,也可以引用 boolean 资源
align_parent_right	将右边缘与父组件的右边缘对齐	boolean 类型	可以直接设置为 true/false,也可以引用 boolean 资源
align_parent_bottom	将底边与父组件的底边对齐	boolean 类型	可以直接设置为 true/false,也可以引用 boolean 资源
align_parent_start	将起始边与父组件的起始边对齐	boolean 类型	可以直接设置为 true/false,也可以引用 boolean 资源
align_parent_end	将结束边与父组件的结束边对齐	boolean 类型	可以直接设置为 true/false,也可以引用 boolean 资源
center_in_parent	将子组件保持在父组件的中心	boolean 类型	可以直接设置为 true/false,也可以引用 boolean 资源
horizontal_center	将子组件保持在父组件水平方向的中心	boolean 类型	可以直接设置为 true/false,也可以引用 boolean 资源
vertical_center	将子组件保持在父组件垂直方向的中心	boolean 类型	可以直接设置为 true/false,也可以引用 boolean 资源

如下为引用类型的代码示例：

```
1. < DependentLayout
2.     xmlns:ohos = "http://schemas.huawei.com/res/ohos"
3.     ohos:width = "match_content"
4.     ohos:height = "match_content"
5.     ohos:background_element = " $ graphic:color_light_gray_element">
6.     < Text
7.         ohos:id = " $ + id:text1"
8.         ohos:width = "match_content"
9.         ohos:height = "match_content"
```

```
10.          ohos:text = "text1"
11.          ohos:text_size = "20fp"
12.          ohos:background_element = " $ graphic:color_cyan_element"
13.          />
14.     < Text
15.          ohos:id = " $ + id:text2"
16.          ohos:width = "match_content"
17.          ohos:height = "match_content"
18.          ohos:text = "end_of text1"
19.          ohos:text_size = "20fp"
20.          ohos:background_element = " $ graphic:color_cyan_element"
21.          ohos:end_of = " $ id:text1"    //将起始边与 id 为 text1 的组件结束边对齐
22.          />
23. </DependentLayout>
```

4.2.7 案例：学生注册信息

在学习了上述内容之后,希望读者运用所学的知识完成一个学生注册信息界面,使它具有以下功能。

(1) 注册页面上方具有一个 * 头像。

(2) 能够输入自己的姓名。

(3) 能够选择自己的性别,限制为单选。

(4) 能够输入自己的学号和学院。

(5) 能够选择自己的学历。

(6) 单击"注册"按钮会弹出提示框。

(7) 单击提示框中的"确定"按钮会进入注册成功的页面。

(8) 注册成功页面会显示学生的姓名和学院。

以下过程依次实现上述要求。

(1) 首先在 resources→layout→ability_main. xml 文件中创建 DirectionalLayout 布局,选择垂直排列方式。

```
1. < xml version = "1.0" encoding = "utf - 8" >
2. < DirectionalLayout
3.     xmlns:ohos = "http://schemas. huawei.com/res/ohos"
4.     ohos:height = "match_parent"
5.     ohos:width = "match_parent"
6.     ohos:alignment = "center"        //元素沿排列方向居中
7.     ohos:orientation = "vertical"    //垂直排列方式
8.     >
9. </DirectionalLayout>
```

(2) 在 DirectionalLayout 布局组件中插入一张图片作为头像。

```
1. < xml version = "1.0" encoding = "utf - 8" >
2. < DirectionalLayout
3.     xmlns:ohos = "http://schemas. huawei.com/res/ohos"
4.     ohos:height = "match_parent"
5.     ohos:width = "match_parent"
```

```
6.        <!-- 元素沿排列方向居中 -->
7.        ohos:alignment = "center"
8.    <!-- 垂直排列方式 -->
9.        ohos:orientation = "vertical"
10.      >
11.      < DirectionalLayout
12.                xmlns:ohos = "http://schemas. huawei.com/res/ohos"
13.                ohos:height = "40vp"
14.                ohos:width = "match_parent"
15.                ohos:alignment = "horizontal_center"
16.                ohos:left_margin = "0vp"
17.                ohos:orientation = "horizontal"
18.          >
19.                < Text ohos:id = " $ + id:text_title"
20.                ohos:height = "match_content"
21.                ohos:width = "match_content"
22.                ohos:background_element = " $ graphic:background_ability_main"
23.                ohos:layout_alignment = "horizontal_center"
24.                ohos:text_color = " #000099"
25.                ohos:text = "NPU 学生注册"
26.                ohos:text_size = "25vp"
27.          />
28.          </DirectionalLayout >
29.        < Image
30.          ohos:height = "200vp"
31.          ohos:width = "200vp"
32.          ohos:scale_mode = "stretch"
33.          <!-- 引用 media 目录下的 icon.png -->
34.          ohos:image_src = " $ media:icon"
35.        ohos:bottom_margin = "40vp"
36.          ohos:top_margin = "20vp"
37.      />
38. </DirectionalLayout >
```

icon. png 如图 4-44 所示。

图 4-44　icon. png

（3）继续插入姓名输入框，使用文本组件与输入框组件水平对齐实现。

```
1.      < DirectionalLayout
2.          xmlns:ohos = "http://schemas. huawei.com/res/ohos"
3.          ohos:height = "40vp"
4.          ohos:width = "match_parent"
5.          ohos:alignment = "left"
6.            ohos:left_margin = "30vp"
```

```
7.        <!-- 水平排列方式 -->
8.        ohos:orientation = "horizontal"
9.        >
10. <!-- 使用一个 DirectionalLayout 布局组件作为根布局的子组件 -->
11.     < Text
12.        ohos:id = " $ + id:text_name"
13.        ohos:height = "match_content"
14.        ohos:width = "match_content"
15.      <!-- 引用 graphic 目录下的资源 background_ability_main.xml -->
16.        ohos:background_element = " $ graphic:background_ability_main"
17.        ohos:layout_alignment = "horizontal_center"
18.        ohos:text = "姓名："
19.        ohos:text_size = "25vp"
20.        />
21.     < TextField
22.        ohos:background_element = " # FFFFFF"
23.        ohos:width = "150vp"
24.        ohos:height = "35vp"
25.        ohos:auto_font_size = "true"
26.         <!-- 基线颜色为深蓝色 -->
27.        ohos:basement = " # 000099"
28.        ohos:text_alignment = "center"
29.        ohos:layout_alignment = "horizontal_center"
30.         <!-- 提示字体颜色为灰色 -->
31.        ohos:hint_color = " # 999999"
32.        ohos:hint = "请输入姓名"
33.        ohos:id = " $ + id:text"
34.        />
35.  </DirectionalLayout >
```

background_ability_main. xml 中的代码如下：

```
1. < xml version = "1.0" encoding = "UTF - 8"  >
2. < shape xmlns:ohos = "http://schemas. huawei.com/res/ohos"
3.       ohos:shape = "rectangle">
4.    < solid
5.       ohos:color = " # FFFFFF"/>
6. </shape >
```

（4）插入性别选项，使用文本与单选框组件水平对齐实现。

```
1. < DirectionalLayout
2.       xmlns:ohos = "http://schemas. huawei.com/res/ohos"
3.       ohos:height = "40vp"
4.       ohos:width = "match_parent"
5.       ohos:top_margin = "15vp"
6.       ohos:alignment = "left"
7.        ohos:left_margin = "30vp"
8.       ohos:orientation = "horizontal"
9.        >
10.     < Text
11.        ohos:id = " $ + id:text_sex"
```

```
12.            ohos:height = "match_content"
13.            ohos:width = "match_content"
14.            ohos:background_element = " $ graphic:background_ability_main"
15.            ohos:layout_alignment = "horizontal_center"
16.            ohos:text = "性别:"
17.            ohos:text_size = "25vp"
18.            />
19.
20.      < RadioContainer
21.            ohos:id = " $ + id:rc"
22.            ohos:height = "match_content"
23.            ohos:width = "match_content"
24.                        <!-- 选项组件水平对齐 -->
25.            ohos:orientation = "horizontal">
26.
27.        < RadioButton
28.            ohos:id = " $ + id:boy"
29.            ohos:height = "match_content"
30.            ohos:width = "match_content"
31.            ohos:text = "男"
32.            ohos:text_size = "22fp"
33.            ohos:text_alignment = "center"
34.            <!-- 选中时字体为亮蓝色 -->
35.            ohos:text_color_on = " ♯ 0000FF"
36.            <!-- 未选中时字体为黑色 -->
37.            ohos:text_color_off = " ♯ 000000"
38.            <!-- 默认状态不选择任何选项 -->
39.            ohos:marked = "false"
40.              <!-- 背景颜色为灰色 -->
41.            ohos:background_element = " ♯ 778495"
42.            ohos:left_margin = "15vp"/>
43.            />
44.        < RadioButton
45.            ohos:id = " $ + id:girl"
46.            ohos:height = "match_content"
47.            ohos:width = "match_content"
48.            ohos:text = "女"
49.            ohos:text_size = "22fp"
50.            ohos:text_alignment = "center"
51.            ohos:text_color_on = " ♯ 0000FF"
52.            ohos:text_color_off = " ♯ 000000"
53.            ohos:marked = "false"
54.            ohos:background_element = " ♯ 778495"
55.            ohos:left_margin = "20vp"
56.            ohos:right_margin = "34vp"/>
57.        </RadioContainer >
58.   </DirectionalLayout >
```

（5）插入学号和学院输入，使用两个 DirectionnalLayout 组件，每个 Layout 使用文本组件与输入框组件实现。

第 4 章

```
1.  <!--    学号 -->
2.    < DirectionalLayout
3.          xmlns:ohos = "http://schemas. huawei. com/res/ohos"
4.          ohos:height = "40vp"
5.          ohos:top_margin = "15vp"
6.          ohos:width = "match_parent"
7.          ohos:alignment = "left"
8.          ohos:left_margin = "30vp"
9.          ohos:orientation = "horizontal"
10.         >
11.        < Text
12.            ohos:id = " $ + id:text_number"
13.            ohos:height = "match_content"
14.            ohos:width = "match_content"
15.            ohos:background_element = " $ graphic:background_ability_main"
16.            ohos:layout_alignment = "horizontal_center"
17.            ohos:text = "学号:"
18.            ohos:text_size = "25vp"
19.            />
20.        < TextField
21.            ohos:background_element = " # FFFFFF"
22.            ohos:width = "150vp"
23.            ohos:height = "35vp"
24.            ohos:auto_font_size = "true"
25.            ohos:basement = " # 000099"
26.            ohos:text_alignment = "center"
27.            ohos:layout_alignment = "horizontal_center"
28.            ohos:hint_color = " # 999999"
29.            ohos:hint = "请输入学号"
30.            ohos:id = " $ + id:textfield_number"
31.            />
32.    </DirectionalLayout >
33. <!-- 学院 -->
34.    < DirectionalLayout
35.          xmlns:ohos = "http://schemas. huawei. com/res/ohos"
36.          ohos:height = "40vp"
37.          ohos:width = "match_parent"
38.          ohos:alignment = "left"
39.          ohos:left_margin = "30vp"
40.          ohos:top_margin = "15vp"
41.          ohos:orientation = "horizontal"
42.         >
43.        < Text
44.            ohos:id = " $ + id:text_college"
45.            ohos:height = "match_content"
46.            ohos:width = "match_content"
47.            ohos:background_element = " $ graphic:background_ability_main"
48.            ohos:layout_alignment = "horizontal_center"
49.            ohos:text = "学院:"
50.            ohos:text_size = "25vp"
51.            />
52.        < TextField
53.            ohos:background_element = " # FFFFFF"
```

```
54.            ohos:width = "150vp"
55.            ohos:height = "35vp"
56.            ohos:auto_font_size = "true"
57.            ohos:basement = " #000099"
58.            ohos:text_alignment = "center"
59.            ohos:layout_alignment = "horizontal_center"
60.            ohos:hint_color = " #999999"
61.            ohos:hint = "请输入学院"
62.            ohos:id = " $ + id:textfield_college"
63.            />
64.     </DirectionalLayout>
```

（6）插入学历选项，选项包括本科生或者研究生，使用文本组件和单选框组件实现。

```
1.  <!-- 研究生 or 本科生 -->
2.     < DirectionalLayout
3.         xmlns:ohos = "http://schemas.huawei.com/res/ohos"
4.         ohos:height = "40vp"
5.         ohos:width = "match_parent"
6.         ohos:alignment = "left"
7.         ohos:top_margin = "15vp"
8.         ohos:left_margin = "30vp"
9.         ohos:orientation = "horizontal"
10.        >
11.        < Text
12.            ohos:id = " $ + id:text_edu"
13.            ohos:height = "match_content"
14.            ohos:width = "match_content"
15.            ohos:background_element = " $ graphic:background_ability_main"
16.            ohos:layout_alignment = "horizontal_center"
17.            ohos:text = "学历:"
18.            ohos:text_size = "25vp"
19.            />
20.
21.        < RadioContainer
22.            ohos:id = " $ + id:rc_edu"
23.            ohos:height = "match_content"
24.            ohos:width = "match_content"
25.            ohos:orientation = "horizontal">
26.
27.            < RadioButton
28.                ohos:id = " $ + id:grudate"
29.                ohos:height = "match_content"
30.                ohos:width = "match_content"
31.                ohos:text = "本科生"
32.                ohos:text_size = "22fp"
33.                ohos:text_alignment = "center"
34.                ohos:text_color_on = " #0000FF"
35.                ohos:text_color_off = " #000000"
36.                ohos:marked = "false"
37.                ohos:background_element = " #778495"
38.                ohos:left_margin = "15vp"/>
39.
```

```
40.            < RadioButton
41.                ohos:id = " $ + id:underGraduate"
42.                ohos:height = "match_content"
43.                ohos:width = "match_content"
44.                ohos:text = "研究生"
45.                ohos:text_size = "22fp"
46.                ohos:text_alignment = "center"
47.                ohos:text_color_on = " # 0000FF"
48.                ohos:text_color_off = " # 000000"
49.                ohos:marked = "false"
50.                ohos:background_element = " # 778495"
51.                ohos:left_margin = "20vp"
52.                ohos:right_margin = "34vp"/>
53.          </RadioContainer >
54.      </DirectionalLayout >
```

（7）最后插入一个按钮组件，用于在提交内容时连接单击事件。

```
1.      < Button
2.          ohos:id = " $ + id:button"
3.          ohos:width = "200vp"
4.          ohos:height = "50vp"
5.          ohos:text_size = "30fp"
6.          ohos:text_weight = "800"    //设置字体加粗
7.          ohos:text = "注    册"
8.          ohos:background_element = " $ graphic:capsule_button_element"
            //使用在 graphic 目录下的资源 capsule_button_element.xml 实现一个胶囊形状的按
钮
9.          ohos:top_margin = "40vp"
10.          />
11.  </DirectionalLayout >
```

capsule_button_element.xml 中的代码如下：

```
1. < xml version = "1.0" encoding = "utf - 8" >
2. < shape xmlns:ohos = "http://schemas.huawei.com/res/ohos"
3.        ohos:shape = "rectangle"> //shape 表征按钮为胶囊形状
4.    < corners
5.        ohos:radius = "40"/>
6.    < solid
7.        ohos:color = " # 00FF99"/>
8. </shape >
```

（8）接下来为按钮连接单击事件，单击时创建弹框，弹框中可以显示输入的姓名，拥有两个按钮，单击"返回"按钮回到原页面，单击"确定"按钮跳转到下一页。在 java→com.example.myAPPlication→slice→MainAbilitySlice 文件中的 MainAbility 类中，除了模板自动生成的 onActive()和 onForeground()函数以外，还需实现 Component.Clickedlistener 接口，为该类添加如下代码：

```
1. //连接单击接口类
2. public class MainAbilitySlice extends AbilitySlice implements Component.ClickedListener {
```

```
3.      Button btn = null;
4.        TextField nameTextField = null;
5.      TextField collegeTextField = null;
6.
7.      public void onStart( Intent intent) {
8.          super.onStart( intent);
9.          super.setUIContent(ResourceTable.Layout_ability_main);
10.         //获取按钮
11.         btn = (Button)findComponentById(ResourceTable.Id_button);
12.         //添加单击事件
13.         btn.setClickedListener(this);
14.         //获取输入框
15.         nameTextField = (TextField) findComponentById(ResourceTable.Id_text);
16.          collegeTextField = (TextField) findComponentById(ResourceTable.Id_textfield_
college);
17.     }
18.
19.     @Override
20.      //同步单击响应方法
21.     public void onClick(Component component) {
22.         if(component == btn){
23.             //新建弹框
24.             CommonDialog cd = new CommonDialog(this);
25.             //设置标题
26.             cd.setTitleText("温馨提示");
27.             //设置内容,并插入获取到的输入框内容
28.             cd.setContentText("尊敬的" + nameTextField.getText() + ":是否确认信息无
误");
29.             //设置可以自动关闭
30.             cd.setAutoClosable(true);
31.             //设置边角弧度
32.             cd.setCornerRadius(45);
33.             //设置按钮
34.             cd.setButton(0, "返回", new IDialog.ClickedListener() {
35.                 @Override
36.                 public void onClick(IDialog iDialog, int i) {
37.                     cd.destroy();    //单击"返回"按钮撤回弹框
38.                 }
39.             }).setButton(1, "确认", new IDialog.ClickedListener() {
40.                 @Override
41.                 public void onClick(IDialog iDialog, int i) {
42.                         //这部分代码将在下文补充
43.                 }
44.             });
45.             //把弹框显示出来
46.             cd.show();
47.         }
48.     }
49. }
```

鸿蒙应用基础

（9）此时创建第二个页面，用于呈现注册成功的文本内容，并将这一页与弹框的"确认"按钮绑定。创建第二页只需右击 com. example. myAPPlication，在弹出的快捷菜单中选择 New→Ability→Empty PageAbility(java)命令，如图 4-45 所示，并在弹出的如图 4-46 所示页面设置文件名。

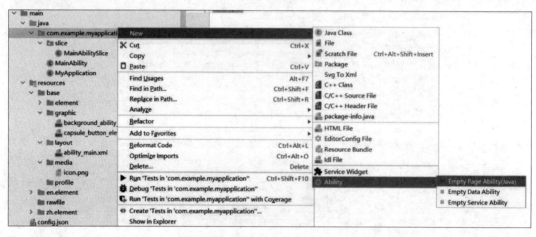

图 4-45　创建新的页面

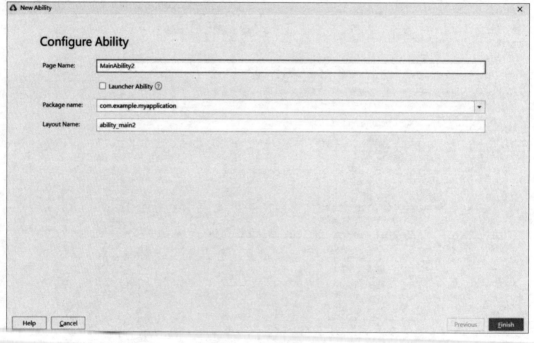

图 4-46　新页面命名

DevEco Studio 会自动创建新页面对应的 Ability、AbilitySlice 以及相关的 XML 文件，如图 4-47 所示为创建新页面之后的目录。

config. json 文件中也会对新页面自动进行注册，如图 4-48 所示。

在第二个页面对应的 ability_main2. xml 文件中设置绿色的提示文本"恭喜你，完成信息注册！"，并打印出注册者的姓名和学院信息。

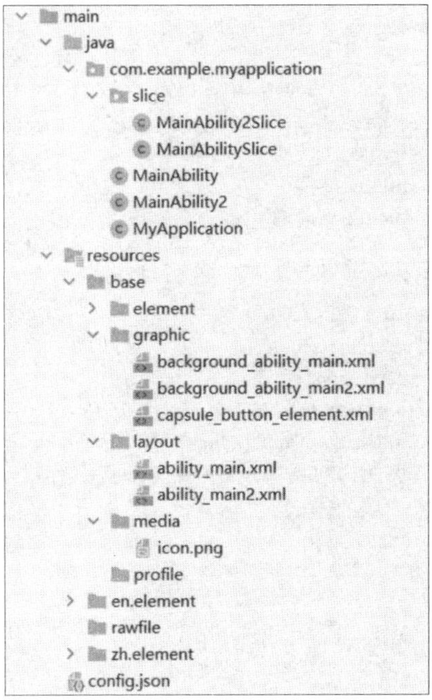

图 4-47　创建新页面后的目录

```
config.json ×

          {
            "entities": [
              "entity.system.home"
            ],
            "actions": [
              "action.system.home"
            ]
          }
        ],
        "orientation": "unspecified",
        "name": "com.example.myapplication.MainAbility",
        "icon": "$media:icon",
        "description": Java_Empty Ability,
        "label": entry_MainAbility,
        "type": "page",
        "launchType": "standard"
      },
      {
        "orientation": "unspecified",
        "name": "com.example.myapplication.MainAbility2",
        "icon": "$media:icon",
        "description": Java_Empty Ability,
        "label": entry_MainAbility2,
        "type": "page",
        "launchType": "standard"
      }
    ]
  }
```

图 4-48　config.json 中自动注册新页面

```
1. < xmlversion = "1.0" encoding = "UTF - 8" >
2. < DirectionalLayout
3.     xmlns:ohos = "http://schemas. huawei. com/res/ohos"
4.     ohos:height = "match_parent"
5.     ohos:width = "match_parent"
6.     ohos:alignment = "center"
7.     ohos:orientation = "vertical">
8.
9.     < Text
10.        ohos:id = " $ + id:text_info"
11.        ohos:height = "match_content"
12.        ohos:width = "match_content"
13.        ohos:background_element = " $ graphic:background_ability_main2"
14.        ohos:layout_alignment = "horizontal_center"
15.        ohos:text = "这里的内容由 slice 控制输出"
16.        ohos:text_color = "green"
17.        ohos:text_weight = "500"
18.        ohos:text_size = "30vp"/>
19.     < Text
20.        ohos:id = " $ + id:text_helloworld"
21.        ohos:height = "match_content"
22.        ohos:width = "match_content"
23.        ohos:background_element = " $ graphic:background_ability_main2"
24.        ohos:layout_alignment = "horizontal_center"
25.        ohos:text = "恭喜你,完成信息注册!"
26.        ohos:text_color = "green"
27.        ohos:text_weight = "500"
28.        ohos:text_size = "30vp"
29.        />
30.     < Text
31.        ohos:id = " $ + id:text_npuwelcome"
32.        ohos:height = "match_content"
33.        ohos:width = "match_content"
34.        ohos:background_element = " $ graphic:background_ability_main2"
35.        ohos:layout_alignment = "horizontal_center"
36.        ohos:text = "欢迎来到 NPU!"
37.        ohos:text_color = "green"
38.        ohos:text_weight = "500"
39.        ohos:text_size = "30vp"/>
40. </DirectionalLayout >
```

将弹框的"确认"按钮与跳转新页面绑定,插入"确认"按钮响应方法中的代码如下:

```
1. cd. setButton(1, "确认", new IDialog. ClickedListener() {
2.     @Override
3.     public void onClick(IDialog iDialog, int i) {
4.         Intent intent =  new Intent(); //创建新意图
5.
6.         Operation operation = new Intent.OperationBuilder(). //创建新操作
7.                 withDeviceId("").   //空字符串表示跳转到本机
8.                 withBundleName("com. example. myapplication"). //通过包名跳转到本应用
9.                 withAbilityName("com. example. myapplication. MainAbility2").
                    //通过页名跳转到本页
```

```
10.              build(); //对以上操作进行打包
11.
12.         intent.setOperation(operation);   //将操作加入意图中
13.         intent.setParam("name", nameTextField.getText());      //附带姓名作为参数
14.         intent.setParam("college", collegeTextField.getText());      //附带学院作为参数
15.         startAbility(intent);   //执行意图
16.     }
17. });
```

在第二个页面对应的 MainAbility2Slice 中修改 OnStart()函数,定义相关变量,接收从第一个页面传递过来的姓名、学院参数,并将参数写入页面中。OnActive（）和 OnForeground()函数保持不变。

```
1. public class MainAbility2Slice extends AbilitySlice {
2.     String name = null;
3.     String college = null;
4.     Text infoText = null;
5.     @Override
6.     public void onStart(Intent intent) {
7.         super.onStart(intent);
8.         super.setUIContent(ResourceTable.Layout_ability_main2);
9.         name = intent.getStringParam("name");
10.         college = intent.getStringParam("college");
11.         infoText = (Text)findComponentById(ResourceTable.Id_text_info);
12.         infoText.setText("来自" + college + "的" + name);
13.
14.     }
15. }
```

最终的案例的首页如图 4-49 所示。

输入内容后如图 4-50 所示。

图 4-49 案例首页

图 4-50 首页输入内容

鸿蒙应用基础

单击"注册"按钮之后出现弹框，输入的姓名 Jack，如图 4-51 所示。

单击"确认注册"按钮，跳转到注册成功的提示页，如图 4-52 所示。

图 4-51　弹框

图 4-52　注册成功提示页

4.2.8　自定义组件

如果现有的组件和布局无法满足设计需求，例如仿遥控器的圆盘按钮、可滑动的环形控制器等，可以通过自定义组件和自定义布局来实现。

自定义组件是由开发者定义的具有一定特性的组件，通过扩展 Component 或其子类实现，可以精确控制屏幕元素的外观，也可响应用户的单击、触摸、长按等操作。

自定义布局是由开发者定义的具有特定布局规则的容器类组件，通过扩展 ComponentContainer 或其子类实现，可以将各子组件摆放到指定的位置，也可响应用户的滑动、拖曳等事件。

表 4-9 和表 4-10 分别提供了自定义组件或布局时常用的 Component 类和 ComponentContainer 类的相关接口。

表 4-9　Component 类相关接口

接 口 名 称	作　　用
setEstimateSizeListener	设置测量组件的监听器
onEstimateSize	测量组件的大小以确定宽度和高度
setEstimatedSize	将测量的宽度和高度设置给组件
EstimateSpec. getChildSizeWithMode	基于指定的大小和模式为子组件创建度量规范

接口名称	作用
EstimateSpec. getSize	从提供的度量规范中提取大小
EstimateSpec. getMode	获取该组件的显示模式
arrange	相对于容器组件设置组件的位置和大小
addDrawTask	添加绘制任务
onDraw	通过绘制任务在更新组件时调用

表 4-10 ComponentContainer 类相关接口

接口名称	作用
setArrangeListener	设置容器组件布局子组件的监听器
onArrange	通知容器组件在布局时设置子组件位置和大小

1. 自定义组件

自定义组件的一般步骤如下。

（1）创建自定义组件的类，并继承 Component 或其子类，添加构造方法。

```
1. public class NewComponent extends Component{
2.     public NewComponent(Context context) {
3.         super(context);
4.     }
5. }
```

（2）实现 Component. EstimateSizeListener 接口，在 onEstimateSize()方法中进行组件测量，并通过 setEstimatedSize()方法将测量的宽度和高度设置给组件。

```
1. public class NewComponent extends Component implements Component.EstimateSizeListener {
2.     public NewComponent(Context context) {
3.         super(context);
4.         ...
5.         // 设置测量组件的监听器
6.         setEstimateSizeListener(this);
7.     }
8.
9.     ...
10.
11.     @Override
12.     public boolean onEstimateSize(int widthEstimateConfig, int heightEstimateConfig) {
13.         int width = Component. EstimateSpec. getSize(widthEstimateConfig);
14.         int height = Component. EstimateSpec. getSize(heightEstimateConfig);
15.         setEstimatedSize(
16.             Component. EstimateSpec. getChildSizeWithMode ( width, width, Component.
EstimateSpec. NOT_EXCEED),
17.             Component. EstimateSpec. getChildSizeWithMode ( height, height, Component.
EstimateSpec. NOT_EXCEED));
18.         return true;
19.     }
20. }
```

（3）实现 Component. DrawTask 接口，在 onDraw()方法中执行绘制任务，该方法提供的画布 Canvas，可以精确控制屏幕元素的外观。在执行绘制任务之前，需要定义画笔 Paint。

```
1.  public class NewComponent extends Component implements
2.         Component.DrawTask, Component.EstimateSizeListener {
3.
4.      // 绘制画笔
5.      private Paint newPaint;
6.
7.      public NewComponent(Context context) {
8.          super(context);
9.
10.         // 初始化画笔
11.         initPaint();
12.
13.         // 添加绘制任务
14.         addDrawTask(this);
15.     }
16.
17.     private void initPaint(){
18.         newPaint = new Paint();
19.          //设置颜色等属性
20.         newPaint.setColor(Color.BLUE);
21.          ...
22.     }
23.
24.     @Override
25.     public void onDraw(Component component, Canvas canvas) {
26.
27.         // 在界面中绘制一个圆心坐标为(300,300),半径为 100 的圆
28.         canvas.drawCircle(300,300,100,newPaint);
29.     }
30.
31.     ...
32. }
```

（4）实现 Component.TouchEventListener 或其他事件的接口，使组件可响应用户输入。

```
1.  public class NewComponent extends Component implements Component.DrawTask,
2.          Component.EstimateSizeListener,      Component.ClickedListener {
3.      ...
4.      public NewComponent(Context context) {
5.          ...
6.
7.          // 设置 TouchEvent 响应事件
8.          setClickedListener(this);
9.      }
10.
11.     ...
12.
13.     @Override
```

```
14.      public void onClickedEvent(Component component) {
15.          ...
16.      }
17. }
```

（5）在 onStart()方法中，将自定义组件添加至 UI 界面中。

```
1. protected void onStart(Intent intent) {
2.      super.onStart(intent);
3.      DirectionalLayout myLayout = new DirectionalLayout(getContext());
4.      DirectionalLayout.LayoutConfig config = new DirectionalLayout.LayoutConfig(
5.          DirectionalLayout.LayoutConfig.MATCH_PARENT, DirectionalLayout.LayoutConfig.
MATCH_PARENT);
6.      myLayout.setLayoutConfig(config);
7.
8.      NewComponent newComponent = new NewComponent(this);
9.       DirectionalLayout.LayoutConfig layoutConfig = new DirectionalLayout.LayoutConfig
(1080, 1000);
10.     newComponent.setLayoutConfig(layoutConfig);
11.
12.     myLayout.addComponent(newComponent);
13.     super.setUIContent(myLayout);
14. }
```

2. 自定义布局

自定义布局的一般步骤如下。

（1）创建自定义布局的类，并继承 ComponentContainer，添加构造方法。

```
1. public class NewLayout extends ComponentContainer {
2.      public NewLayout(Context context) {
3.          super(context);
4.      }
5. }
```

（2）实现 ComponentContainer.EstimateSizeListener 接口，在 onEstimateSize()方法中
进行测量。

```
1. public class NewLayout extends ComponentContainer
2.      implements ComponentContainer.EstimateSizeListener {
3.
4.      ...
5.
6.      public NewLayout(Context context) {
7.
8.          ...
9.          setEstimateSizeListener(this);
10.     }
11.
12.     @Override
13.     public boolean onEstimateSize(int widthEstimatedConfig, int heightEstimatedConfig) {
14.
15.         // 通知子组件进行测量
```

```
16.          measureChildren(widthEstimatedConfig, heightEstimatedConfig);
17.          int width = Component.EstimateSpec.getSize(widthEstimatedConfig);
18.
19.          // 关联子组件的索引与其布局数据
20.          for (int idx = 0; idx < getChildCount(); idx++) {
21.              Component childView = getComponentAt(idx);
22.              addChild(childView, idx, width);
23.          }
24.
25.          //通过 setEstimatedSize 将测量出的大小设置给组件,并且必须返回 true 使测量值生效
26.          setEstimatedSize(
27.              Component.EstimateSpec.getChildSizeWithMode(maxWidth, widthEstimatedConfig, 0),
28.              Component.EstimateSpec.getChildSizeWithMode(maxHeight, heightEstimatedConfig, 0));
29.          return true;
30.      }
31.
32.      private void measureChildren(int widthEstimatedConfig, int heightEstimatedConfig) {
33.          for (int idx = 0; idx < getChildCount(); idx++) {
34.              Component childView = getComponentAt(idx);
35.              if (childView != null) {
36.                  measureChild(childView, widthEstimatedConfig, heightEstimatedConfig);
37.              }
38.          }
39.      }
40.
41.      private void measureChild ( Component child, int parentWidthMeasureSpec, int
parentHeightMeasureSpec) {
42.          ComponentContainer.LayoutConfig lc = child.getLayoutConfig();
43.          int childWidthMeasureSpec = EstimateSpec.getChildSizeWithMode(
44.              lc.width, parentWidthMeasureSpec, EstimateSpec.UNCONSTRAINT);
45.          int childHeightMeasureSpec = EstimateSpec.getChildSizeWithMode(
46.              lc.height, parentHeightMeasureSpec, EstimateSpec.UNCONSTRAINT);
47.          child.estimateSize(childWidthMeasureSpec, childHeightMeasureSpec);
48.      }
49. }
```

（3）测量时,需要确定每个子组件大小和位置的数据,并保存这些数据。

```
 1. //变量初始化
 2. private int xx = 0;
 3. private int yy = 0;
 4. private int maxWidth = 0;
 5. private int maxHeight = 0;
 6. private int lastHeight = 0;
 7.
 8. //子组件索引与其布局数据的集合
 9. private final Map < Integer, Layout > axis = new HashMap <>();
10.
11. private static class Layout {
12.     int positionX = 0;
13.     int positionY = 0;
```

```
14.     int width = 0;
15.     int height = 0;
16. }
17.
18. ...
19.
20. private void invalidateValues() {
21.     xx = 0;
22.     yy = 0;
23.     maxWidth = 0;
24.     maxHeight = 0;
25.     axis.clear();
26. }
27.
28. private void addChild(Component component, int id, int layoutWidth) {
29.     Layout layout = new Layout();
30.     layout.positionX = xx + component.getMarginLeft();
31.     layout.positionY = yy + component.getMarginTop();
32.     layout.width = component.getEstimatedWidth();
33.     layout.height = component.getEstimatedHeight();
34.     if ((xx + layout.width) > layoutWidth) {
35.         xx = 0;
36.         yy += lastHeight;
37.         lastHeight = 0;
38.         layout.positionX = xx + component.getMarginLeft();
39.         layout.positionY = yy + component.getMarginTop();
40.     }
41.     axis.put(id, layout);
42.     lastHeight = Math.max(lastHeight, layout.height + component.getMarginBottom());
43.     xx += layout.width + component.getMarginRight();
44.     maxWidth = Math.max(maxWidth, layout.positionX + layout.width);
45.     maxHeight = Math.max(maxHeight, layout.positionY + layout.height);
46. }
```

（4）实现 ComponentContainer.ArrangeListener 接口，在 onArrange()方法中排列子组件。

```
1. public class NewLayout extends ComponentContainer
2.     implements ComponentContainer.EstimateSizeListener,
3.     ComponentContainer.ArrangeListener {
4.
5.     ...
6.
7.     public NewLayout(Context context) {
8.
9.         ...
10.        setArrangeListener(this);
11.    }
12.    @Override
13.    public boolean onArrange(int left, int top, int width, int height) {
14.
15.        // 对各个子组件进行布局
```

```
16.          for (int idx = 0; idx < getChildCount(); idx++) {
17.              Component childView = getComponentAt(idx);
18.              Layout layout = axis.get(idx);
19.              if (layout != null) {
20.                  childView.arrange(layout.positionX, layout.positionY, layout.width,
layout.height);
21.              }
22.          }
23.          return true;
24.      }
25. }
```

（5）在 onStart()方法中添加此布局，在布局中添加若干子组件，并在界面中显示。

```
1. private static final RgbColor COLOR_LAYOUT_BG = new RgbColor(100,100,100);
2. private static final RgbColor COLOR_BTN_BG = new RgbColor(200,200,200);
3.
4. @Override
5. protected void onStart(Intent intent) {
6.     super.onStart(intent);
7.     DirectionalLayout myLayout = new DirectionalLayout(getContext());
8.     DirectionalLayout.LayoutConfig config = new DirectionalLayout.LayoutConfig(
9.         DirectionalLayout.LayoutConfig.MATCH_PARENT, DirectionalLayout.LayoutConfig.
MATCH_PARENT);
10.    myLayout.setLayoutConfig(config);
11.    NewLayout newLayout = new NewLayout(this);
12.    for (int idx = 0; idx < 15; idx++) {
13.        newLayout.addComponent(getComponent(idx + 1));
14.    }
15.    ShapeElement shapeElement = new ShapeElement();
16.    shapeElement.setRgbColor(COLOR_LAYOUT_BG);
17.    newLayout.setBackground(shapeElement);
18.    DirectionalLayout.LayoutConfig layoutConfig = new DirectionalLayout.LayoutConfig(
19.        DirectionalLayout.LayoutConfig.MATCH_PARENT, DirectionalLayout.LayoutConfig.
MATCH_CONTENT);
20.    newLayout.setLayoutConfig(layoutConfig);
21.    myLayout.addComponent(newLayout);
22.    super.setUIContent(myLayout);
23. }
24.
25. //创建子组件
26. private Component getComponent(int idx) {
27.     //创建一个按钮
28.     Button button = new Button(getContext());
29.     …
30.     return button;
31. }
```

（6）自定义布局中存在子组件覆盖时，可以在子组件添加完成后，通过调用如下方法，将需要展示的子组件放置在最上层。

```
1. newLayout.moveChildToFront(component); //component 表示需要展示的子组件
```

4.2.9 HiLog

HarmonyOS 提供了 HiLog 日志系统,让应用可以按照指定类型、指定级别、指定格式字符串输出日志内容,帮助开发者了解应用的运行状态,更好地调试程序。

1. 日志标签

输出日志的接口由 HiLog 类提供。在输出日志前,需要先使用 HiLogLabel(int type, int domain,String tag)定义日志标签。

1) 参数 type

参数 type 用于指定输出日志的类型。HiLog 中当前只提供了一种日志类型,即应用日志类型 LOG_APP。

2) 参数 domain

参数 domain 用于指定输出日志所对应的业务领域,取值范围为 0x0~0xFFFFF,开发者可以根据需要进行自定义。

3) 参数 tag

参数 tag 用于指定日志标识,可以为任意字符串,建议标识调用所在的类或者业务行为。

举例如下:

```
1. static final HiLogLabel LABEL = new HiLogLabel(HiLog.LOG_APP, 0x00201, "MY_TAG");
```

2. 日志级别

HiLog 中定义了 debug、info、warn、error、fatal 五种日志级别,级别依次升高,分别对应调试信息、普通信息、警告信息、错误信息、致命错误信息。五种级别日志的输出方法如下:

```
1. debug (HiLogLabel label, String format, Object … args)
2. info (HiLogLabel label, String format, Object… args)
3. warn (HiLogLabel label, String format, Object… args)
4. error (HiLogLabel label, String format, Object… args)
5. fatal (HiLogLabel label, String format, Object… args)
```

1) 参数 label

参数 label 为定义好的 HiLogLabel 标签。

2) 参数 format

参数 format 为格式字符串,用于日志的格式化输出。格式字符串中可以设置多个参数,例如格式字符串为"Failed to visit %s。","%s"为参数类型为 string 的变参标识,具体取值在 args 中定义。

3) 参数 args

参数 args 为可以为 0 个或多个参数,是格式字符串中参数类型对应的参数列表。参数的数量、类型必须与格式字符串中的标识一一对应。

以输出一条 WARN 级别的信息为例:

```
1. HiLog.warn(Warning, "Failed to visit %{private}s, reason: %{public}d.", url, errno);
```

格式字符串中的每个参数需添加隐私标识,分为｛public｝或｛private｝,默认为
｛private｝。％｛private｝s 中要输出的内容为 s,输出时不显示内容,输出结果为＜private＞;
％｛public｝d 中输出的内容为 d,输出时正确显示。

4.3 UI 框 架

4.3.1 UI 框架的分类

UI 即用户界面(User Interface),主要包含视觉(如图像、文字、动画等可视化内容)以
及交互(如按钮单击、列表滑动、图片缩放等用户操作)。

UI 框架是应用开发的核心组成部分,为开发 UI 提供基础设施,如视图布局、UI 组件、
事件响应机制等。按照不同的分类方式,UI 框架可以分为以下几类。

1. 原生 UI 框架和跨平台 UI 框架

从操作系统的支持方式来看,UI 框架分为原生 UI 框架和跨平台 UI 框架。

原生 UI 框架指操作系统自带的 UI 框架,如 iOS 操作系统的原生 UI 框架为 UI Kit,
Android 操作系统的原生 UI 框架为 View 等。这些 UI 框架和操作系统深度绑定,通常只
能运行在相应的操作系统上,功能、性能、开发调测等方面和相应的操作系统结合较好。

跨平台 UI 框架是指可以在不同操作系统上运行的独立的 UI 框架,如 HTML5 和基于
HTML5 延伸出来的前端框架 React Native 等。使用跨平台 UI 框架,只需编写一次代码,
经过少量修改甚至不修改,便可以部署到不同的操作系统平台上。但是,由于不同操作系统
UI 呈现方式的差异和 API 的差异等方面因素的限制,导致跨平台 UI 框架本身的架构实
现,以及和不同操作系统的融合都有着较大的难度。

2. 命令式 UI 框架和声明式 UI 框架

从编程方式上来看,UI 框架又可以分为命令式 UI 框架和声明式 UI 框架。

命令式是指在开发过程中开发者需要告诉机器实现目标的每一个步骤。命令式 UI 框
架通常提供一系列的 API 让开发者直接操控 UI 组件,其优点是开发者可以控制某一种 UI
目标的具体实现方法和相关属性,经验丰富的开发者能够较为高效地实现这种 UI 目标。
但是,这种模式需要开发者了解大量的 API 细节并指定好具体的执行路径,开发门槛较高;
在具体的实现效果上,也高度依赖开发者本身的开发技能。此外,由于 UI 效果和具体实现
绑定较紧,在跨设备情况下,其灵活性和扩展性相对有限。

声明式编程的开发者在使用正则表达式进行正则匹配的过程中,只需要关注正则表达
式要做什么以及所匹配的内容,不需要关注正则表达式底层具体做了哪些事情。使用声明
式编程的 UI 框架能够根据声明式语法的描述,自动渲染出相应的 UI,同时结合相应的编程
模型,框架会根据数据变化同步更新相应的 UI。这种方式的优点是开发者只描述 UI 需要
实现的效果,相应的实现和优化则由框架来处理;此外由于结果描述和具体实现分离,声明
式 UI 的实现方式相对灵活,同时容易扩展。声明式 UI 对框架的要求较高,需要框架有完
备且直观的描述能力,同时能够针对相应的描述信息实现高效的处理。

整体来看,当前的 UI 框架趋向于跨平台能力和声明式编程,一方面是为了提高代码复
用率,降低开发成本;另一方面则是为了开发者能够更加直观、便捷地进行开发,提升开发
效率。

4.3.2 ACE UI

ACE（Ability Cross-platform Environment，元能力跨平台执行环境）是针对 HarmonyOS 设计的一套全场景环境的跨平台应用开发框架。该框架通过集结基础运行单元、系统能力 API、运行环境等要素，构成了 HarmonyOS 应用开发的坚实基础，进而具备跨设备分布式调度、原子化服务免安装等能力。目前支持两种主要的语言，分别为 Java 与 JavaScript，未来将支持华为自己的开发语言"仓颉"。

对应两种主要开发语言，ACE 目前支持的 UI 框架可以分为 Java UI 和 JavaScript UI 两种，分别对应命令式和声明式两种开发模式。

Java UI 提供了命令式的、细粒度的编程接口，基于 Java 语言＋XML 进行开发。这种方式与安卓应用开发相似，熟悉安卓的开发者能够很轻易地使用这种方式进行 HarmonyOS 应用开发。4.2 节的内容便是以 Java UI 为例进行展开的，介绍了 Java UI 的框架结构、事件响应以及常用组件等内容。

JavaScript UI 框架采用类 HTML 和 CSS 声明式编程语言作为页面布局和页面样式的开发语言，页面业务逻辑支持 ES6 规范的 JavaScript 语言，但是对于后端的部分服务能力，目前只能使用 Java 语言进行开发。声明式的开发模式使得 JavaScript UI 的开发者能够避免编写 UI 状态切换的代码，视图配置信息更加直观。JavaScript UI 框架还包含了许多核心的控件，如列表、图片和各类容器组件等，针对声明式语法进行了渲染流程的优化。

相较而言，Java UI 框架更适于 HarmonyOS 原生开发。

JavaScript UI 框架在架构上支持 UI 跨设备显示能力，由框架层进行执行处理，使用基于数据驱动的 UI 自动变更，运行时自动映射到不同设备类型，开发者无感知，极大程度地降低了开发者的多设备适配成本。4.3.4 节中使用了一个具体的实例展示 Javascript UI 的跨设备 UI 显示能力。

4.3.3 JavaScript UI 框架结构

如图 4-53 所示，应用 DevEco Studio 开发的 JavaScript 项目结构与 Java 项目类似，开发 UI 的工作主要位于 entry→src→main 目录下的 js 文件夹中。

js 文件目录如图 4-54 所示。

其中：

（1）app.js 文件用于管理 JavaScript 的全局逻辑和应用的生命周期。

（2）pages 目录用于存放所有组件页面，每个页面由 HTML、CSS 和 JS 格式文件组成。

（3）common 目录用于存放公共资源文件，如媒体资源、自定义组件和 JS 文件。

（4）i18n 目录用于存放多语言的 JSON 格式文件及配置不同语言场景的资源内容，如应用文本词条、图片路径等资源。

在本例中：

（1）i18n→en-US.json 与 i18n→zh-CN.json 分别定义了英文和中文模式下页面显示的变量内容。

（2）index→index.html 定义了 index 页面的布局、index 页面中用到的组件，以及这些组件的层级关系。

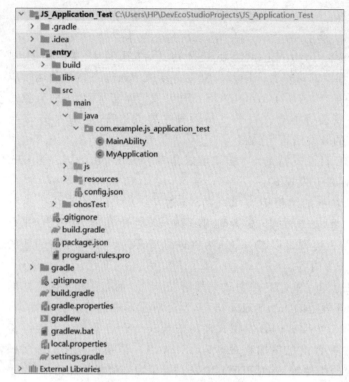

图 4-53　JavaScript UI 框架目录

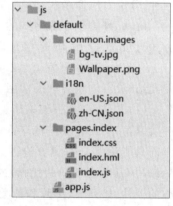

图 4-54　JS 文件目录

（3）index→index.css 定义了 index 页面的样式。

（4）index→index.js 定义了 index 页面的业务逻辑，如数据绑定、事件处理等。

4.3.4　JS 页面实例

JavaScript UI 框架支持纯 JavaScript、JavaScript 和 Java 混合语言开发，JS 页面指基于 JavaScript 或 JavaScript 和 Java 混合开发的页面，有关语言基础的知识这里不再赘述，以下通过一个纯 JavaScript 的实例展示 JavaScript UI 框架的特点。

本案例用来模拟校园导游系统，其满足以下要求。

（1）能够使用轮播图展示景点图片，且可以通过预览图单击喜欢的景点。

（2）图片配有文字介绍。

（3）"单击"按钮可以添加到游览列表。

（4）能够分别在手机和 TV 上呈现。

以下依次实现这样的应用。

（1）首先在 index.html 中设置布局和组件。

```html
1. <!-- index.hml -->
2. <div class = "container">
3.   <!-- title area -->
4.   <div class = "title">
5.     <!-- 设置标题 -->
6.     <text class = "name">西工大校园导游</text>
```

```
7.          <!-- 设置副标题 -->
8.          <text class = "sub - title">选择你喜欢的景点</text>
9.      </div>
10.     <div class = "display - style">
11.         <!-- display area -->
12.         <swiper id = "swiperImage" class = "swiper - style">
13.         <!-- 轮播图,使用插值调用图片资源,插值变量在 JS 中进行了定义 -->
14.             <image src = "{{ $item}}" class = "image - mode" focusable = "true" for =
"{{imageList}}"></image>
15.         </swiper>
16.         <!-- product details area -->
17.         <div class = "container">
18.             <div class = "selection - bar - container">
19.                 <div class = "selection - bar">
20.                     <image src = "{{ $item}}" class = "option - mode" onfocus = "swipeToIndex
({{ $idx}})" onclick = "swipeToIndex({{ $idx}})" for = "{{imageList}}"></image>
21.                 </div>
22.             </div>
23.             <div class = "description - paragraph">
24.             <!-- 使用 text 组件引用插值变量实现文字介绍 -->
25.                 <text class = "description">{{descriptionParagraph}}</text>
26.             </div>
27.             <div class = "cart">
28.                 <text class = "{{cartStyle}}" onclick = "addCart" onfocus = "getFocus" onblur =
"lostFocus" focusable = "true">{{cartText}}</text>
29.             </div>
30.         </div>
31.     </div>
32. </div>
```

(2) 在 index.css 文件中分别对手机和 TV 应用场景设置布局样式。

对于 TV 应用场景,将其标题居中样式设置为 flex-start,字号设置为 20px。副标题字号设置为 15px,上外边距设置为 10px。将轮播图的高设置为 300px,宽设置为 350px,左外边距为 50px。下面的四张图片的高和宽均设置为 40px,左外边距为 50px,设置圆角为 20px。文字描述部分,设置字号为 15px。最下方的按钮,设置高为 50px,宽为 300px,字号为 20px。在未单击时,该按钮背景为蓝色,字体为白色,单击后按钮背景变为绿色,字体变为黑色。

对于手机应用场景,将其标题居中样式设置为 flex-start,字号设置为 19px。副标题设置字号为 15px,上外边距设置为 1px。将轮播图的高设置为 253px,上外边距为 3px。下面的四张图片的高设置为 60px,上外边距为 10px。文字描述部分,设置字号为 15px。最下方的按钮,设置高为 30px,宽为 300px,字号为 20px。在未单击时,该按钮背景为蓝色,字体为白色,单击后按钮背景变为绿色,字体变为黑色。

(3) 在 index.js 中设置业务逻辑,绑定数据。

```
1. // index.js
2. export default {
3.     data: {
4.         cartText: '添加到游览列表',
```

鸿蒙应用基础

```
5.          cartStyle: 'cart - text',
6.          isCartEmpty: true,
7.          descriptionFirstParagraph: '天青色等烟雨,我们在等你! 西工大四景之图书馆: 长安
校区图书馆位于校园中心,是亚洲最大的水上图书馆,其内藏书丰富、空间宽敞,其外犹如雄鹰,展翅
翔翔,无疑是读书、学习的绝佳去处; 西工大四景之何尊广场: 西是复刻放大的何尊、东是俯首托剑
的勇士,寓意扎根西部、献身国防、为国奋斗的工大形象; 西工大四景之启翔湖: 湖畔柳枝随风摇曳、
湖面天鹅余晖戏水,风景秀丽、景色宜人,偶有行人浅谈漫步、偶有师生进行机器人实验; 西工大四景
之大飞机: 教学区中部那架屹立的 ARJ21-700,仿佛时刻宣告着西工大的三航基因,逐渐成为毕业校
友回访、应届学生毕业、校外友人来访的必经打卡地. 如果想了解更多,请选择喜欢的景点,添加到游
览列表吧!'
8.           imageList: [ '/common/imageList/1. png', '/common/imageList/2. png', '/common/
imageList/3.png', '/common/imageList/4. png'],//引用 common 中的图片资源,文件路径视情况变更
9.     },
10.
11.    swipeToIndex( index) {
12.        this. $ element('swiperImage'). swipeTo({index: index});
13.    },
14.
15. addCart() {
16.        if (this.isCartEmpty) {
17.            this.cartText = '已添加';
18.            this.cartStyle = 'add - cart - text';
19.            this.isCartEmpty = false;
20.        }
21.    },
22.
23.    getFocus() {
24.        if (this.isCartEmpty) {
25.            this.cartStyle = 'cart - text - focus';
26.        }
27.    },
28.
29.    lostFocus() {
30.        if (this.isCartEmpty) {
31.            this.cartStyle = 'cart - text';
32.        }
33.    },
34. }
```

(4) 在 config. json 注册手机和 TV 设备。

```
1. {
2.    ...
3.    "module": {
4.        ...
5.        "deviceType": [
6.            "phone",
7.            "tv"
8.        ],
9.        ...
10.    }
11. }
```

（5）分别使用远程手机和远程 TV 设备运行，运行结果如图 4-55 和图 4-56 所示。

(a) 手机运行-浏览页面

(b) 手机运行-添加成功

图 4-55　手机端运行效果图

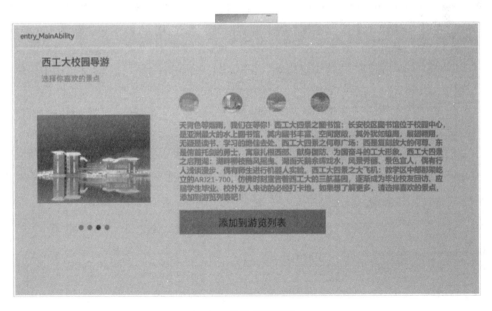
(a) TV登录-浏览页面

图 4-56　远程 TV 端运行效果图

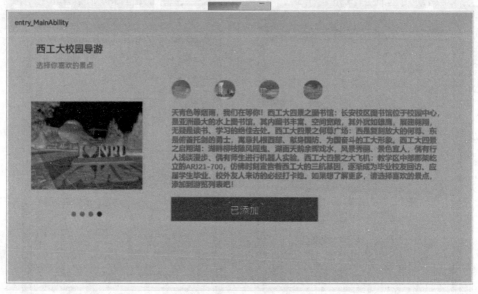

(b) TV登录-添加成功

图 4-56 （续）

跨设备运行能够极大程度地保留用户的使用习惯，保持页面风格的统一，为用户带来更好的体验。

4.4　本 章 小 结

本章从环境搭建、开发基础和 UI 框架三方面介绍了鸿蒙应用的开发基础。

在环境搭建部分，首先介绍了 Node.js 的安装步骤，然后介绍了 HarmonyOS 的一站式开发环境 DevEco Studio IDE 的特点、版本以及详细的安装步骤，最后以一个简单的实例讲解了 DevEco Studio 创建应用以及使用远程虚拟机运行应用的步骤。

在应用开发基础部分，首先介绍了 HarmonyOS 的元程序、元能力以及应用包结构，然后介绍了具体开发应用时常见的事件、组件以及布局，接着通过学生注册案例进行实际开发的演示，最后讲解了 HarmonyOS 的 HiLog 日志系统。

在 UI 框架部分，从框架基础讲起，介绍了元能力的跨平台执行环境，然后详细介绍了 JavaScript UI 的框架结构，并通过一个实例讲解 JavaScript UI 在多端部署过程中的简便性。

附 录　缩 略 词

缩略词	英 文 全 称	中 文 全 称
ACE	Ability Cross-platform Environment	元能力跨平台执行环境
AP	Access Point	接入点
ARM	Advanced RISC Machine	高级精简指令集处理器(一家半导体知识产权提供商)
DTD	Document Type DefinItion	文档类型定义
HAP	HarmonyOS Ability Package	鸿蒙 Ability 的部署包
IoT	Internet of Things	物联网
MCU	MicroController Unit	微控制单元
PPI	Pixels Per Inch	每英寸像素数,像素密度单位
SFLASH	Supervisory FLASH	监督闪存
STA	STAtion	站点
URN	Uniform Resource Name	统一资源名
XML	eXtensible Markup Language	可扩展标记语言

参 考 文 献

[1] 郑静,赵玲,张丹辉.物联网+智能家居:移动互联技术应用[M] 北京:化学工业出版社,2019.

[2] 裘炯涛,陈众贤.物联网 So Easy! 基于 Blynk 平台的 IOT 项目实践[M].北京:人民邮电出版社,2022.

[3] 温江涛,张煜.物联网智能家居平台 DIY:Arduino+物联网云平台+手机+微信[M].北京:科学出版社,2014.

[4] 华驰,高云.物联网工程技术综合实训教程[M].北京:化学工业出版社,2019.

[5] 桂劲松.物联网系统设计[M].北京:电子工业出版社,2013.

[6] 陈逸怀,陈锐.物联网应用综合实训[M].北京:机械工业出版社,2019.

[7] 郭书军.ARM Cortex-M4 + Wi-Fi MCU 应用指南——CC3200 IAR 基础篇[M].北京:电子工业出版社,2016.

[8] 孔令和,李雪峰,柴方明.物联网操作系统原理(LiteOS)[M].北京:人民邮电出版社,2020.

[9] 刘旭明,刘火良,李雪峰.物联网操作系统 LiteOS 内核开发与实践[M].北京:人民邮电出版社,2020.

[10] 吴冬燕.LiteOS 应用开发实践教程[M].北京:电子工业出版社,2020.

[11] 朱有鹏,樊心昊,左新戈,等.华为 LiteOS:快速上手物联网应用开发[M].北京:人民邮电出版社,2021.